Alexandre Henry

Aménagement des éco-quartiers et de la biodiversité

Alexandre Henry

Aménagement des éco-quartiers et de la biodiversité

Améliorer les pratiques d'urbanisme

Presses Académiques Francophones

Impressum / Mentions légales
Bibliografische Information der Deutschen Nationalbibliothek: Die Deutsche Nationalbibliothek verzeichnet diese Publikation in der Deutschen Nationalbibliografie; detaillierte bibliografische Daten sind im Internet über http://dnb.d-nb.de abrufbar.
Alle in diesem Buch genannten Marken und Produktnamen unterliegen warenzeichen-, marken- oder patentrechtlichem Schutz bzw. sind Warenzeichen oder eingetragene Warenzeichen der jeweiligen Inhaber. Die Wiedergabe von Marken, Produktnamen, Gebrauchsnamen, Handelsnamen, Warenbezeichnungen u.s.w. in diesem Werk berechtigt auch ohne besondere Kennzeichnung nicht zu der Annahme, dass solche Namen im Sinne der Warenzeichen- und Markenschutzgesetzgebung als frei zu betrachten wären und daher von jedermann benutzt werden dürften.

Information bibliographique publiée par la Deutsche Nationalbibliothek: La Deutsche Nationalbibliothek inscrit cette publication à la Deutsche Nationalbibliografie; des données bibliographiques détaillées sont disponibles sur internet à l'adresse http://dnb.d-nb.de.
Toutes marques et noms de produits mentionnés dans ce livre demeurent sous la protection des marques, des marques déposées et des brevets, et sont des marques ou des marques déposées de leurs détenteurs respectifs. L'utilisation des marques, noms de produits, noms communs, noms commerciaux, descriptions de produits, etc, même sans qu'ils soient mentionnés de façon particulière dans ce livre ne signifie en aucune façon que ces noms peuvent être utilisés sans restriction à l'égard de la législation pour la protection des marques et des marques déposées et pourraient donc être utilisés par quiconque.

Coverbild / Photo de couverture: www.ingimage.com

Verlag / Editeur:
Presses Académiques Francophones
ist ein Imprint der / est une marque déposée de
AV Akademikerverlag GmbH & Co. KG
Heinrich-Böcking-Str. 6-8, 66121 Saarbrücken, Deutschland / Allemagne
Email: info@presses-academiques.com

Herstellung: siehe letzte Seite /
Impression: voir la dernière page
ISBN: 978-3-8381-7925-4

Copyright / Droit d'auteur © 2013 AV Akademikerverlag GmbH & Co. KG
Alle Rechte vorbehalten. / Tous droits réservés. Saarbrücken 2013

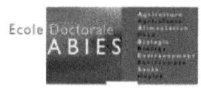

Doctorat ParisTech

THÈSE

pour obtenir le grade de docteur délivré par

L'Institut des Sciences et Industries du Vivant et de l'Environnement

(AgroParisTech)

Spécialité : Sciences du Vivant

présentée et soutenue publiquement par

Alexandre HENRY

le 18 décembre 2012

Aménagement des Eco-quartiers et de la Biodiversité

Directrice de thèse : Nathalie FRASCARIA-LACOSTE

Jury :

M. Luc ABBADIE, Professeur, Université Pierre et Marie Curie	Rapporteur
M. Pierre PECH, Professeur, Université Paris 1 Panthéon-Sorbonne	Rapporteur
Mme Nathalie MACHON, Professeur, Muséum National d'Histoire Naturelle	Examinateur
M. Maxime TROCMÉ, Docteur, Responsable Environnement et Scientifique, VINCI	Examinateur
M. Olivier LÉPINOY, Ingénieur, Architecte-Urbaniste, VINCI Immobilier	Examinateur
Mme Nathalie FRASCARIA-LACOSTE, Professeur, AgroParisTech	Directrice de thèse

AgroParisTech
Laboratoire Ecologie, Systématique et Evolution
UMR 8079 CNRS, Université Paris Sud, AgroParisTech
Université Paris Sud – 91405 Orsay Cedex

Remerciements

J'aimerais tout d'abord remercier Nathalie Frascaria-Lacoste pour avoir dirigé cette thèse et m'avoir permis de la réaliser dans les meilleures conditions possibles en étant toujours présente pendant ces trois années.

Je tiens également à remercier Jean Roger-Estrade, Nathalie Machon, Sébastien Barot et Damien Marage qui ont fait partie de mon comité de thèse et m'ont permis de bien cadrer scientifiquement mon travail et mes réflexions grâce à des remarques constructives.

J'adresse mes remerciements à Pierre Pech, Luc Abbadie, Nathalie Machon, Olivier Lépinoy et Maxime Trocmé qui ont accepté d'examiner et d'évaluer mon travail en faisant partie de mon jury.

Cette thèse a pu être réalisée grâce à un financement de la chaire ParisTech-VINCI « Eco-conception des ensembles bâtis et des infrastructures » et notamment à Jean Roger-Estrade qui s'est occupé de son organisation.

Je n'aurais jamais pu réaliser cette thèse sans l'aide d'Olivier Lépinoy, Géraldine Thomas-Vallejo, Cindy Bouchez, Florence Marin-Poillot et Thierry Charlemagne, et des autres membres du groupe VINCI, qui ont suivi mon travail au cours de ces trois années et ont permis de faire état des attentes des professionnels et de la réalité du terrain parfois éloignées du monde scientifique.

Je voudrais aussi remercier l'équipe GREEN du CIRAD de Montpellier, et notamment Nicolas Bécu, pour m'avoir formé à la modélisation des systèmes multi-agents et m'avoir aidé à construire une partie très importante de ma thèse.

Je remercie le laboratoire Ecologie, Systématique et Evolution à Orsay pour m'avoir accueilli pendant ma thèse. Merci à Jane, Juan, Pauline P, Pauline M, Elaine, Romain, Sophie, Alodie, Amandine, Marie, Gwendal, Paola, Marta, Jonathan, Roxane, Solène, Justine et tous les autres du laboratoire pour les nombreuses discussions plus ou moins scientifiques mais toujours dans la bonne humeur.

D'autres personnes m'ont aidé pendant ces trois années, en particulier Frank Derrien, Xavier Marié, Thomas Bur, Laura Albaric, Gaëlle Mouric, Marc Barra, Hugues Delcourt, Arnaud Devillers, Florence Bougnoux, Philippe Béros et tous les autres.

Et enfin, un grand merci à toute ma famille pour m'avoir soutenu tout au long de ma scolarité et avoir suivi mes études et mes recherches.

Résumé

Face aux changements globaux, au déclin de la biodiversité et à l'augmentation de la population urbaine, la demande des professionnels de la construction pour intégrer la biodiversité dans leurs pratiques est de plus en plus forte. Ma thèse a eu pour objectif de (1) faire un état des lieux de la prise en compte de la biodiversité dans les aménagements urbains et (2) développer de nouveaux outils afin d'aider les aménageurs à améliorer leurs pratiques.

Dans une première partie consacrée au bilan biodiversité, (1) nous avons émis des doutes quant à la pertinence de l'utilisation des toitures végétalisées, telles qu'elles sont conçues actuellement, en tant qu'éléments intégrés à un réseau écologique ; (2) l'étude des mesures environnementales mises en place dans 54 éco-quartiers européens (principalement en France) a montré que les concepteurs se préoccupaient principalement des bénéfices environnementaux en termes d'énergie, de transport, de déchets et d'eau, et plus rarement de biodiversité ; (3) l'ACV (analyse du cycle de vie), un outil fréquemment utilisés par les aménageurs pour calculer les impacts environnementaux d'un produit (toit vert, bâtiment, quartier) intègre mal la biodiversité dans ses calculs, et son utilisation pour comparer différents éléments verts pourrait uniformiser les pratiques et ainsi conduire à une homogénéisation de la biodiversité et à l'altération du fonctionnement de l'écosystème.

Pour aider les aménageurs à mieux considérer la biodiversité dans leurs pratiques, nous avons participé à l'amélioration de l'outil Profil-Biodiversité créé par Frank Derrien et développé notre propre outil (BioDi(v)Strict) basé sur la diversité des habitats et la présence de quatre groupes d'espèces bio-indicatrices afin de traduire au mieux la dynamique écologique d'un site. Ces deux outils ont été appliqués sur un site pilote : la Cité Descartes (à Noisy-le-Grand et Champs-sur-Marne). Dans le but de faire émerger une prise de conscience des différents acteurs locaux sur la nécessité de préserver la biodiversité et les services écosystémiques associés, nous avons développé un outil de concertation pour l'aménagement du territoire (NewDistrict), basé sur une modélisation d'un système multi-agents (SMA) et d'un jeu de rôles autour de l'étalement urbain et ses conséquences environnementales.

Mots-clés : éco-quartier, biodiversité urbaine, services écosystémiques, système multi-agents, concertation, aide à la décision, BioDi(v)Strict, NewDistrict

Abstract

In a context of global changes, decline of biodiversity and increase of the urban population, the request of urban developers to integrate biodiversity into their practices is increasingly strong. My PhD thesis aimed to (1) make a review of the consideration of biodiversity in urban development, and (2) develop new tools to help developers to improve their practices.

In the first part focused on biodiversity review, (1) we have expressed some doubts about the relevance of the use of current green roofs as possible integrated element of an ecological network; (2) The study of environmental measures implemented in 54 European eco-districts (mainly in France) showed that designers appeared to focus primarily on environmental benefits in terms of energy, transport, waste, water, and more rarely on biodiversity conservation; (3) LCA (life cycle analysis), a tool commonly used by developers to calculate the environmental impacts of a product (a green roof, a building or a district) integrates badly biodiversity in its calculations, and its use to compare different green elements could standardize practices which lead to an homogenization of biodiversity associated with the deterioration of ecosystem functioning.

To help developers to better consider biodiversity in their practices, we have firstly contributed to the improvement of the tool « Profil-Biodiversité » created by Frank Derrien, and secondly, we have developed our own tool (BioDi(v)Strict) based on the diversity of habitats and the presence of four groups of bioindicator species to better reflect the ecological dynamic of a site. Both tools have been applied on a pilot site: the Cité Descartes (in Noisy-le-Grand and Champs-sur-Marne). Finally, in order to let emerging a collective biodiversity awareness for the different local actors, we have developed a tool (NewDistrict) based on a multi-agent system (MAS) model combined with a role-playing game constructed in a context of urban sprawl.

Keywords: eco-district, urban biodiversity, ecosystem services, multi-agent system, cooperative process, decision support, BioDi(v)Strict, NewDistrict.

Table des matières

Remerciements 2

Résumé 4

Abstract 5

Table des matières 6

Introduction 8

Première partie : Etat des lieux de la prise en compte de la biodiversité dans les aménagements urbains 14

    Introduction de la première partie 16

    Chapitre 1 : The green roof dilemma - Discussion of Francis and Lorimer (2011) 18

    Chapitre 2 : The eco-district concept: effective for promoting urban biodiversity? 22

    Chapitre 3 : Comparing green structures using life cycle assessment: a potential risk for urban biodiversity homogenization? 56

    Conclusion de la première partie 60

Deuxième partie : Développement de nouveaux outils pour la prise en compte de la biodiversité dans les aménagements urbains 63

    Introduction de la deuxième partie 65

    Chapitre 1 : Outils d'aide à la décision 67

        1.1. Biodiversity in decision-making for urban planning: Need for new improved tools   69

        1.2. Etude de la Cité Descartes : Application des outils de prise en compte de la biodiversité pour les aménagements urbains   82

    Chapitre 2 : Outil d'aide à la concertation 116

        2.1. NewDistrict: A participatory agent-based simulation for increasing awareness of peri-urbanization and its consequences for biodiversity   118

        2.2. Présentation détaillée du modèle NewDistrict : l'étalement urbain et ses conséquences environnementales   132

Conclusion générale 156

Bibliographie 164

Annexes : 170

    Annexe 1 : Liste des habitats. 170

Annexe 2 : Liste des papillons. 172

Annexe 3 : Liste des amphibiens 173

Annexe 4 : Liste des oiseaux nicheurs 174

Annexe 5 : Changement Climatique, Biodiversité et Trames Vertes Urbaines . 177

Annexe 6 : Les nouveaux écosystèmes urbains : vers de nouvelles fonctionnalités ? 188

Annexe 7 : Encadré du guide « Bâtir en favorisant la biodiversité » de Natureparif 198

Annexe 8 : Poster « Ecologie 2010 » 200

Annexe 9 : Poster « International Symposium on Life Cycle Assessment and Construction » 201

Introduction

Notre monde s'urbanise toujours plus. Les villes représentent déjà 2% de la surface du globe et consomment à elles seules plus de 75% des ressources naturelles (Müller & Werner, 2010). Aujourd'hui, plus de la moitié de la population mondiale vit en ville (CBD 2007). Parallèlement à cela, les constats vont vers une globalisation massive. Celle-ci est particulièrement évidente en Europe et en Amérique du Nord. Face à l'épuisement des ressources naturelles et à la dégradation des milieux naturels dus à l'étalement urbain, le développement durable est devenu un enjeu majeur pour beaucoup d'acteurs impliqués dans l'urbanisme, notamment les collectivités locales et les entreprises de construction.

C'est dans ce contexte que la Chaire « Eco-conception des ensembles bâtis et des infrastructures » a été fondée en 2008 par VINCI et 3 écoles de ParisTech (MINES ParisTech, l'Ecole des Ponts ParisTech et AgroParisTech) avec pour vocation de créer des outils de mesure et de simulation qui intègreraient toutes les dimensions de l'éco-conception et deviendraient de vrais instruments d'aide à la décision pour les acteurs de la ville (concepteurs, constructeurs et utilisateurs). En effet, le développement de nouveaux outils d'aide à la décision est nécessaire pour que les professionnels puissent prendre en compte les enjeux du développement durable dans leurs pratiques. Ainsi, l'Ecole des Ponts ParisTech étudie les transports (circulation et stationnement), MINES ParisTech les aspects énergétiques des bâtiments et AgroParisTech l'aménagement de la biodiversité.

La Chaire s'articule autour de 3 axes de recherche : (1) Evaluer la qualité environnementale des bâtiments et des quartiers ; (2) Analyser le cycle de vie des infrastructures de transport et leurs impacts ; (3) Agencer les bâtiments et les transports et réguler leur usage pour une protection optimisée de l'environnement. C'est dans le premier axe de recherche que s'inscrit ma thèse sur l'aménagement des éco-quartiers et de la biodiversité.

La ville étant un lieu d'artificialité extrême, il est très difficile de définir ce qu'est la biodiversité dans un tel contexte. La biodiversité urbaine est profondément déterminée par l'organisation, la planification et la gestion de l'environnement bâti, lui-même influencé par des valeurs économiques, sociales et culturelles. Cette biodiversité est complexe, résultat de l'assemblage d'espèces issues de l'horticulture mais aussi d'espèces ayant migré spontanément de leurs habitats naturels vers les villes, ou encore d'espèces issues d'hybridations naturelles entre espèces natives et introduites dans le contexte urbain. Par ailleurs, la composition des espèces est très controversée, particulièrement en regard des espèces exotiques qui y ont été introduites et qui dominent ces écosystèmes (Williams & Jackson, 2007 ; Dearborn & Kark, 2009).

Paradoxalement, en Europe, les villes sont souvent plus riches en espèces que les espaces ruraux (Hope *et al.*, 2003). Néanmoins cette richesse spécifique est relative car elle concerne seulement les angiospermes et pour les animaux, essentiellement les oiseaux (Wittig, 2010). Par ailleurs, en ville, du fait de l'homogénéisation biotique, on rencontre des espèces plutôt généralistes que spécialistes (Julliard *et al.*, 2006). Cette richesse spécifique particulière, même en espèces natives, peut être expliquée par diverses raisons : les villes se sont développées dans des paysages très hétérogènes (Kühn *et al.*, 2004) ; elles sont elles-mêmes très structurées (Niemela, 1999) ; elles ont des températures élevées qui permettent à différentes espèces de coloniser ces espaces (Knapp *et al.*, 2008). Des espèces exotiques potentiellement invasives sont introduites dans les milieux urbains (Kühn *et al.*, 2004) et s'y échappent aussi pour coloniser hors des villes.

Avec une richesse spécifique qui leur est très particulière, les villes ont développé des écosystèmes profondément modifiés de ceux qui étaient organisés avant l'apparition de l'Homme. On les appelle les « nouveaux écosystèmes », les « écosystèmes émergeants » ou les « écosystèmes non-analogues » (Williams & Jackson, 2007 ; Hobbs et al., 2006). Les caractéristiques clefs de ces écosystèmes sont l'émergence de nouvelles combinaisons d'espèces présentant un potentiel pouvant changer le fonctionnement de l'écosystème, et un agencement humain inédit résultant d'actions délibérées ou non (Hobbs et al., 2006).

Aujourd'hui, il n'existe que très peu d'informations sur l'importance des nouveaux écosystèmes dans l'évaluation de la biodiversité urbaine et sur l'importance des services qu'ils rendent déjà. Il devient fondamental de les intégrer à cette réflexion de la ville de demain car ils y participent déjà. Ils représentent peut-être une biodiversité potentielle très utile. De nombreuses questions surgissent alors : Est-ce que ces nouveaux écosystèmes vont augmenter en nombre, éliminant complètement toutes les espèces natives ? Que signifient-ils par rapport aux écosystèmes construits autour d'espèces natives ? Comment fonctionnent-ils ? Présentent-ils de nouvelles fonctionnalités ou optimisent-ils ou non des fonctionnalités existantes ? Doit-on réfléchir à de nouveaux modes de gestion ? Comment s'approprier ces nouveaux assemblages ? Lesquels privilégier ? Doit-on les connecter ? Comment les connecter ? Quels sont les aspects socio-économiques qui doivent être considérés en relation avec eux ? Comment développer une gestion en lien avec eux, qui maximise les changements bénéfiques qu'ils procurent (en recherchant ce qu'est le bénéfice) et en réduisant les impacts négatifs ?

Cette réflexion complexe ne peut se faire sans des partenariats importants avec tous les acteurs de la ville, décideurs, urbanistes, paysagistes, écologues et habitants des villes, pour expliquer l'importance de recréer des espaces où une certaine nature plus diversifiée et plus opérationnelle pourrait à nouveau se réapproprier l'espace perdu. Cette dynamique est à construire à différentes échelles spatiales et temporelles. Ces nouveaux écosystèmes ont été construits par l'homme, il convient donc d'imaginer une gestion qui guide leur développement. Pour ce faire, la procédure n'est pas simple sachant qu'il sera très difficile de revenir à un état plus naturel, en termes d'effort, de temps et d'argent. Cela signifie de repenser intégralement la ville dans son ensemble, d'accepter ces assemblages pour ce qu'ils sont et pour les bénéfices qu'ils procurent et d'instaurer une réelle « gestion adaptative » partenariale qui suppose « d'apprendre en faisant ».

Par ailleurs, les villes, lieux de la connaissance où les ressources financières et humaines sont concentrées, peuvent devenir des lieux d'éducation beaucoup plus percutants que les zones rurales en terme de biodiversité, permettant une réelle appropriation et prise de conscience des enjeux liés à la diversité du vivant et une appropriation potentielle d'une biodiversité revisitée, pas toujours esthétique. Elles peuvent aussi être des lieux d'expériences permettant de mieux comprendre l'importance des changements socio-économiques sur les écosystèmes. Les nouveaux écosystèmes produisent de nouveaux challenges, initiant une variété de nouveaux modes de pensée et de gestion qui deviennent un réel atout pour l'espace urbain. La ville doit s'en convaincre et s'approprier cette opportunité qui participe très concrètement à une réconciliation de l'homme avec la nature.

Les villes sont des centres de pouvoirs économiques, politiques, financiers et sociaux mais aussi de la culture et de l'innovation. L'espace urbain offre, avec ses « nouveaux écosystèmes » potentiellement moteurs de services écosystémiques attendus et riches d'une biodiversité nouvelle, un espace public pouvant susciter de nouveaux champs de discussions variés, promouvant ainsi des lieux inédits et originaux, offrant une nature différente et développant de nouveaux langages locaux avec des mots et outils de gestion propres à chacun de ces espaces. Le moment est venu pour les acteurs urbains de se focaliser sur ces nouveaux écosystèmes et de s'interroger sur leur pertinence en ville, comme plus-value fonctionnelle, écologique mais aussi socio-économique. Si ceux-ci sont plus performants et durables, de nouveaux modes de gestion doivent intégrer cette dimension essentielle et limiter le turn-over incessant des « jardins Kleenex » (plantes que l'on échange rapidement, à peine fanées) (Blanc *et al.*, 2005) ou celui de vouloir réintroduire volontairement des espèces natives qui ne sont plus adaptées. Cette réflexion devient profonde et interroge sur nos modes de pensée et nos savoirs. Des échanges sont fondamentaux entre tous les acteurs urbains pour aller vers une ville profondément changée dans sa relation à la nature. Et au fond, c'est cette ville repensée qui initiera ces changements et qui deviendra le guide de celles qui y sont aussi confrontées.

Depuis quelques années, grâce à la prise de conscience du dérèglement climatique, les pratiques d'urbanisme commencent à changer en intégrant la notion de développement durable. Ainsi, de nouvelles mesures se sont développées, notamment liées à la réglementation thermique et aux normes et certifications basse consommation. Néanmoins ces mesures n'ont pas véritablement d'effet positif sur la préservation de la diversité biologique. Peut-on alors parler de construction durable et d'éco-quartiers ?

Face à cette riche problématique et à la demande croissante des professionnels de la construction pour intégrer la biodiversité dans leurs pratiques, ma thèse a eu pour objectif de (a) faire un état des lieux des mesures prises en faveur de la biodiversité dans les aménagements urbains et de faire des préconisations pour améliorer son intégration ; (b) développer un outil d'aide à la décision compréhensible par les non-spécialistes, rapide et peu coûteux à utiliser, afin que les aménageurs puissent considérer la biodiversité dans leurs pratiques ; (c) développer un outil de concertation autour de la biodiversité en milieu péri-urbain, pour faire émerger une prise de conscience des différents acteurs locaux sur la nécessité de préserver la biodiversité et les services écosystémiques qui en résultent.

La première partie de cette thèse sera consacrée au bilan de la prise en compte de la biodiversité dans les aménagements urbains : dans la cadre des toitures végétalisées, puis celui des éco-quartiers et enfin par rapport à un outil fréquemment utilisé par les aménageurs (l'analyse du cycle de vie ou ACV). La seconde partie sera axée sur le développement de nouveaux outils. Je présenterai (1) deux outils d'aide à la décision pour que les urbanistes puissent considérer la biodiversité dans leurs activités, ainsi que leur application sur un site pilote ; et (2) un outil de concertation pour l'aménagement du territoire, basé sur une modélisation de système multi-agents (SMA) autour de l'étalement urbain et de ses conséquences environnementales.

Première partie :
Etat des lieux de la prise en compte de la biodiversité dans les aménagements urbains

Introduction de la première partie

Pour débuter cette thèse, je me suis intéressé à la manière dont les acteurs de l'aménagement urbain prenaient en compte la biodiversité dans leurs pratiques.

Pour apporter une touche de nature au cœur des villes, les urbanistes ont de plus en plus recours à la végétalisation des bâtiments, en particulier les toitures et les façades. Les toits végétalisés nous ont donc paru être une première approche intéressante pour faire le lien entre la biodiversité et le bâti. Quelles sont les raisons qui poussent les aménageurs à mettre en place ce type d'installation ? L'isolation thermique des bâtiments ou l'isolation phonique sont des caractéristiques des toits végétalisés souvent citées dans la littérature (Getter & Rowe, 2006 ; Oberndorfer *et al.*, 2007), mais les matériaux de construction actuels permettent déjà de relever ces objectifs. Une caractéristique qui devient alors intéressante est le pouvoir de « zone tampon » de ces toits lors d'épisodes de pluie intense en ralentissant l'arrivée du flux d'eau dans les réseaux, empêchant ainsi leur saturation (Carter & Fowler, 2008). En plus de ces caractéristiques techniques, l'aspect esthétique des toits verts est souvent évoqué. Certains vantent également leur potentiel pour promouvoir la biodiversité urbaine (Gedge & Kadas, 2005). Mais qu'en est-il réellement, dans l'état actuel des pratiques, pour favoriser la biodiversité dans un milieu sous fortes contraintes humaines qu'est la ville ? Cette réflexion, sous la forme d'un article-discussion publié dans *Journal of Environmental Management*, fait l'objet du premier chapitre de cette partie.

Après m'être intéressé à la biodiversité à l'échelle du bâtiment par l'intermédiaire des toitures végétalisées, je me suis concentré sur la biodiversité à l'échelle du quartier. Des projets de nouveaux quartiers appelés « éco-quartiers » se développent dans la plupart des villes de France et d'Europe. Il s'agit de « quartiers durables » conçus dans l'optique d'impacter le moins possible l'environnement. Malgré l'absence d'une définition précise, ils sont en général créés dans un souci d'optimisation énergétique des bâtiments et d'utilisation d'énergies renouvelables. Je me suis intéressé à la biodiversité dans ces éco-quartiers, en faisant un état des lieux des pratiques actuelles dans les quartiers qui *a priori* sont exemplaires à ce sujet. Pour cela, j'ai effectué un bilan des mesures prises pour la biodiversité dans

54 éco-quartiers européens. Ce bilan, sous la forme d'un article soumis à *Landscape and Urban Planning*, fait l'objet du deuxième chapitre de cette partie.

Enfin, je me suis intéressé à un outil d'aide à la décision souvent utilisé dans le milieu de la construction, l'analyse du cycle de vie (ACV). Cet outil permet d'évaluer les impacts environnementaux d'un produit (un toit végétalisé, un bâtiment ou un quartier), depuis sa production jusqu'à sa fin de vie, en passant par son utilisation. Les résultats de ces ACV permettent, dans une démarche de développement durable, de choisir les processus les moins négatifs pour l'environnement. Parmi les impacts environnementaux considérés dans l'ACV, l'impact sur la biodiversité est souvent représenté par une estimation d'un nombre d'espèces détruites. Cette prise en compte de la biodiversité reflète mal les réels impacts qu'elle peut subir, notamment en lien avec les fonctions écologiques des espèces et les services écosystémiques. Des améliorations de l'outil pourraient être réalisées à cet égard. De plus, l'ACV est actuellement utilisée pour comparer l'impact environnemental de plusieurs pratiques, et en particulier des éléments verts tels que les façades végétalisées. La comparaison de différents types d'éléments verts comporte le risque d'uniformiser les pratiques en construisant uniquement le type d'élément s'étant révélé le moins impactant pour l'environnement à partir de calculs d'ACV approximatifs, mais ayant pour réelle conséquence, *in fine*, d'homogénéiser la biodiversité urbaine et de dégrader le fonctionnement de l'écosystème. Ces réflexions, sous la forme d'une lettre à l'éditeur qui a été publiée dans *International Journal of Life Cycle Assessment*, feront l'objet du troisième chapitre de cette partie.

Chapitre 1
The green roof dilemma –

Discussion of Francis and Lorimer (2011)

Cet article a été publié dans *Journal of Environmental Management*

Journal of Environmental Management 104 (2012) 91-92

Contents lists available at SciVerse ScienceDirect

Journal of Environmental Management

journal homepage: www.elsevier.com/locate/jenvman

Discussion

The green roof dilemma — Discussion of Francis and Lorimer (2011)

Alexandre Henry*, Nathalie Frascaria-Lacoste

AgroParisTech, UMR 8079, Laboratoire Ecologie Systématique et Evolution, Bâtiment 360, Université Paris Sud 11, 91405 Orsay cedex, France

ARTICLE INFO

Article history:
Received 22 November 2011
Received in revised form
29 February 2012
Accepted 16 March 2012
Available online 5 April 2012

Keywords:
Green roof
Urban ecosystem
Urban biodiversity
Reconciliation ecology
Adaptive collaborative management

ABSTRACT

Urban ecosystems are the most complex mosaics of vegetative land cover that can be found. In a recent paper, Francis and Lorimer (2011) evaluated the reconciliation potential of living roofs and walls. For these authors, these two techniques for habitat improvement have strong potential for urban reconciliation ecology. However they have some ecological and societal limitations such as the physical extreme environmental characteristics, the monetary investment and the cultural perceptions of urban nature. We are interested in their results and support their conclusions. However, for a considerable time, green roofs have been designed to provide urban greenery for buildings and the green roof market has only focused on extensive roof at a restricted scale within cities. Thus, we have strong doubts about the relevance of their use as possible integrated elements of the network. Furthermore, without dynamic progress in research and the implementation of well-thought-out policies, what will be the real capital gain from green roofs with respect to land-use complementation in cities? If we agree with Francis and Lorimer (2011) considering that urban reconciliation ecology between nature and citizens is a current major challenge, then "adaptive collaborative management" is a fundamental requirement.

© 2012 Elsevier Ltd. All rights reserved.

Urban ecosystems are the most complex mosaics of vegetative land cover that can be found (Colding, 2007). Recently, Goddard et al. (2009) have shown that, to maximise the potential of urban environments, private gardens should not be managed simply in isolation but as connected units. We agree strongly with the idea that gardens can form interconnected patches that can be managed within an urban network of green infrastructure. As Colding (2007) argued in his paper, key consideration in all production landscapes is heterogeneity in the type and intensities of land-use. In light of these considerations, ecological land-use complementation (Colding, 2007), that is, the clustering together of a whole range of different patches of vegetative cover, should be applied in cities to increase available habitat and promote ecological processes. At present, it remains to be established whether green roofs, which are becoming increasingly common in cities, constitute an important element in such urban networks.

In a recent review in the Journal of Environmental Management (vol. 92, pp. 1429–1437), Francis and Lorimer (2011) evaluated the reconciliation potential of living roofs and walls. For these authors, these two techniques for habitat improvement have strong potential for urban reconciliation ecology. However, they have some ecological and societal limitations such as the physical extreme environmental characteristics (size, substrate depth,

accessibility for species), the monetary investment and the cultural perceptions of urban nature. We are interested in their results and support their conclusions. However, for a number of years, green roofs have been designed to provide urban greenery for buildings and the green roof market has only focused on extensive roof at a restricted scale within cities. Thus, we have strong doubts about the relevance of their use as possible integrated elements of the network.

A green roof is a flat or sloping rooftop designed to support vegetation (Goddard et al., 2009). In addition to their ecological characteristics, green roofs are sophisticated systems that are designed to provide a fully functioning roof: They are made up of several membranes (waterproofing, root-barrier, drainage and filter membranes) onto which a substrate layer is placed to allow vegetation to grow (Dvorak and Volder, 2010). Green roofs support plant communities that are tolerant to the extreme weather conditions encountered on rooftops. There are three types of green roof: extensive (thin substrate layer), semi-intensive, and intensive (thick substrate layer). The thicker the substrate layer is, the more diversified the vegetation can be. However, extensive systems are by far the most common owing to their ease of implementation and relatively low cost (Gedge and Kadas, 2005).

The current enthusiasm for green roofs can be explained by the desire to offset the negative effects of human activities in the cities (Getter and Bradley Rowe, 2006), which include the reduction of the area of available soil due to the construction of new

---

* Corresponding author. Tel.: +33 (0) 1 69 15 77 20; fax: +33 (0) 1 69 15 46 97.
E-mail address: alexandre.henry@u-psud.fr (A. Henry).

0301-4797/$ – see front matter © 2012 Elsevier Ltd. All rights reserved.
doi:10.1016/j.jenvman.2012.03.040

infrastructure. Rooftops can represent up to 32% of the built area of a city (Gedge and Kadas, 2005). Previously, green roofs were built for aesthetic and leisure purposes. Nowadays, they are used for practical purposes, especially for managing rainfall and reducing energy consumption (Goddard et al., 2009).

Many studies have demonstrated that green roofs can retain rainfall, but the quantity retained depends on many variables, such as substrate depth, type of vegetation and duration and intensity of precipitation. This variation prevents generalizations being made about the efficiency of green roofs in this respect (Carter and Fowler, 2008). This is also the case in terms of the effects of green roofs on the energy consumption of buildings. The effects of such roofs on energy consumption are influenced by the type of vegetation used, climate, and the type of building, and cannot be generalized (Czemiel Berndtsson et al., 2009). This variation leads to difficulties in standardizing the technical characteristics of green roofs, which also causes problems in determining the benefits of the services that they provide. Even with regard to biodiversity, there is much heterogeneity in term of results. Depending on the characteristics of the geographical location, local native vegetation may not tolerate the environmental conditions on a green roof, which may affect the number of species that can become established on it (Fioretti et al., 2010). Although demand for green roofs and related products is expected to increase, it is extremely important to overcome the current limitations of these products and extend their future possibilities by research programs and the implementation of appropriate policies.

In conclusion, we agree with Francis and Lorimer (2011) to say that both heterogeneous designs and a landscape-scale approach may serve to maximise the potential of green roofs to promote biodiversity. However, the green roof industry is currently focused only on technologies that expand the market for new restorative building designs. Therefore, how can the integration of urban green spaces be optimised given this limited objective, which is focused on individual buildings? Could the use of extensive roofs, which are the most popular type, promote the formation of a network of interconnected patches? Furthermore, without dynamic progress in research and the implementation of well-thought-out policies, what will be the real capital gain from green roofs with respect to land-use complementation in cities? Finally, if we agree with Francis and Lorimer (2011) that urban reconciliation ecology between nature and citizens is now a major challenge, then "adaptive collaborative management" (Stewart et al., 2004) will be a fundamental requirement to make this possible. Such collaboration, involving partnerships between citizens, ecologists, industry, urban designers and architects will enable appropriate consideration of new urban ecosystems and their potential use within urban networks.

Acknowledgements

The authors would like to thank the ParisTech Chair in "Eco-design of buildings and infrastructure" (www.chaire-eco-conception.org), which funds the doctoral research of Alexandre Henry.

References

Carter, T., Fowler, L., 2008. Establishing green roof infrastructure through environmental policy instruments. Environmental Management 42, 151–164.
Colding, J., 2007. 'Ecological land-use complementation' for building resilience in urban ecosystems. Landscape and Urban Planning 81, 46–55.
Czemiel Berndtsson, J., Bengtsson, L., Jinno, K., 2009. Runoff water quality from intensive and extensive vegetated roofs. Ecological Engineering 35, 369–380.
Dvorak, B., Volder, A., 2010. Green roof vegetation for North American ecoregions: a literature review. Landscape and Urban Planning 96, 197–213.
Fioretti, R., Palla, A., Lanza, L., Principi, P., 2010. Green roof energy and water related performance in the Mediterranean climate. Building and Environment 45, 1890–1904.
Francis, R.A., Lorimer, J., 2011. Urban reconciliation ecology: the potential of living roofs and walls. Journal of Environmental Management 92, 1429–1437.
Gedge, D., Kadas, G., 2005. Green roofs and biodiversity. Biologist 52, 161–169.
Getter, K.L., Bradley Rowe, D., 2006. The role of green roofs in sustainable development. HortScience 41, 1276–1286.
Goddard, M.A., Dougill, A.D., Benton, T.G., 2009. Scaling up for gardens: biodiversity conservation in urban environments. Trends in Ecology and Evolution 25, 90–98.
Stewart, R.E., Walters, L.C., Balint, P.J., Desai, A., 2004. Managing Wicked Environmental Regional Problems. In: Report to Jack Blackwell Regional Forester. USDA Forest Service Pacific Southwest Region.

Chapitre 2
The eco-district concept:
effective for promoting urban biodiversity?

Cet article a été soumis à *Landscape and Urban Planning*

The eco-district concept: effective for promoting urban biodiversity?

Alexandre Henry[a,*], Jean Roger-Estrade[b], Nathalie Frascaria-Lacoste[a]

[a] AgroParisTech, UMR 8079, Laboratoire Ecologie Systématique et Evolution, Bâtiment 360, Université Paris Sud, 91405 Orsay Cedex, France

[b] AgroParisTech, UMR 211 Agronomie, 78850 Thiverval-Grignon, France

*Corresponding author. Tel.: +33 (0)1 69 15 77 20; fax: +33(0)1 69 15 46 97

E-mail addresses: alexandre.henry.fr@gmail.com (A. Henry), jean.roger_estrade@agroparistech.fr (J. Roger-Estrade), nathalie.frascaria@u-psud.fr (N. Frascaria-Lacoste)

Abstract

Eco-districts or eco-neighbourhoods are often presented as a feature of urban planning that promotes the sustainability of cities. We performed a literature review of 54 European eco-districts (mainly in France), and focused on planned or implemented measures that were related to the preservation of biodiversity. We found that designers of these districts appeared to focus primarily on environmental benefits in terms of energy, transport, waste, and water, and more rarely on biodiversity conservation. In the published reports that we studied, only a few real integrative measures to maintain or develop urban biodiversity (such as the preservation of natural existing features or the use of native plant species) were demonstrated clearly, and they appeared to be insufficient for biodiversity preservation. Consequently, on the basis of planning themes described in the recent academic literature, we propose four measures that could promote ecosystem functionality in future eco-districts: (1) use of a new scaling approach with ecological land-use complementation, (2) application of an adaptive management approach, (3) promotion of connections between reservoirs of biodiversity, and (4) implementation of more varied and authentic natural areas. In addition, biodiversity must be considered at every stage of eco-district projects and the importance of biodiversity emphasised to the general public. By implementing these new measures, the concept of eco-districts might become a viable approach for the development of entire future cities; in contrast to its current role as primarily a marketing tool for local districts or housing developments.

Keywords: eco-district; urban biodiversity; sustainable city; ecosystem services; adaptive management.

Highlights:

- A literature review of 54 European eco-districts was performed.
- We studied implemented measures related to the preservation of biodiversity.
- Few real integrative measures for urban biodiversity were demonstrated clearly.
- These measures appeared to be insufficient for biodiversity conservation.

- We propose four measures to promote ecosystem functionality in eco-districts.

Introduction

To shift urban development away from its current unsustainable state is very challenging (Kenworthy, 2006). Urban systems are highly complex and cannot be shaped effectively by any simple set of guidelines. Given the continuing trends of urbanization and urban sprawl, the protection of biodiversity within urban environments is now considered to be one of the most important goals to maintain the health of the planet. Urban development affects biodiversity through the disturbance of land and degradation of soil, removal of native vegetation, introduction of exotic species, and fragmentation and isolation of remaining natural areas (Bryant, 2006). As Bryant (2006) has stated, "a better understanding of the ecology of cities is one component of a strategy to address the impacts of urbanization and to find better ways to accommodate development in an ecologically sensitive manner".

Every day in cities, one can see changes occurring that have no ecological benefit. The acceleration in the change of urban environments means that local governments need to be able to perform more rapid ecological assessments (Lord et al., 2003) and to understand the relative importance of a site and its contribution to the regional ecosystem (Bryant, 2006). This should enable: (1) the minimization and mitigation of the ecological impacts of urban development, (2) the protection and connection of green habitats, and (3) the restoration of the remaining natural areas (Bryant, 2006).

The new concept of eco-districts has become established in recent years. Eco-districts are often presented as a feature of urban planning that promotes the sustainability of cities. Such districts first emerged in Northern Europe in the

1990s. An eco-district meets the challenges of sustainable development through a three-pronged approach. The first aspect is related to social issues, and involves consideration of the demographic diversity within an area and the variety of its functions (housing, work, leisure, culture, etc.). The second aspect is related to the environment, and is focused on reduction of the ecological footprint and moderation in the use of resources. The last aspect is related to economics, and is focused on promotion of the local economy and the presence of a management system that is based locally, in addition to participatory democracy. However, in general, those who are planning or implementing eco-districts appear to focus predominantly on environmental benefits in terms of energy, transport, waste, and water.

In the United States of America, the terms eco-neighbourhood and green neighbourhood are used more commonly than eco-district. These neighbourhoods encourage a more eco-friendly lifestyle through community involvement, the location of shops and schools within walking distance of residents, good public transportation, and environmental and social programs such as community gardens, green building practices, and common living spaces. There is also the concept of co-housing communities, which are a less intensive form of eco-neighbourhood, with private homes but shared facilities. In these cases, the participants in such communities are generally motivated more by social, rather than environmental, goals.

Eco-district initiatives need to consider buildings, infrastructure, and people. They bring together community stakeholders, property developers, utility companies, and the city authorities to establish a strong shared sense of purpose and partnership. Each entity participates in discussions and decisions to manage the district together.

In the Millenium Ecosystem Assessment (2005), which appraised ecosystems worldwide, it was concluded that broader cooperation among people within different sectors in society was needed to achieve more efficient land use to support ecosystem services. This could be promoted via the eco-district concept, in which the notion of sharing responsibility for resource management among various users of an ecosystem, as well as among government agencies, is considered important. In particular, eco-districts could provide a key starting point for the consideration of biodiversity. However, as described below, biodiversity is often overlooked in eco-district initiatives.

How can participants in eco-districts (property developers, designers, and residents) be convinced of the importance of preserving biodiversity? In this paper, we attempt to answer this question. We consider it to be a particularly salient issue at the present time in view of the recent marked increase in the number of eco-districts within Europe and the fact that their underlying principles are still being established. In the following sections, we describe 54 eco-districts and their handling of biodiversity issues. We conclude with proposals that can be incorporated into the concept of eco-districts and their potential role for promoting biodiversity within cities.

Thus, the basis of the paper is as follows:

(1) To perform a critical analysis of the definition of eco-districts in France and elsewhere in Europe;

(2) To create an inventory of the current management of biodiversity in eco-districts and highlight positive and negative measures;

(3) To develop recommendations for the further integration of tools for the preservation of biodiversity into future eco-district projects.

1. Materials and methods

A review was performed of reports related to eco-districts, mainly those in France, as well as those in some other European countries (for references, see Table 1). Information was derived from public documents or technical documents on each project in which the environmental objectives were defined. These documents could be specifications, environmental conditions, and technical descriptions. Most of the data came from the websites of the eco-districts themselves, through which details of the analysis of the sites, impact studies, and project details are released. Other data came from articles or summary reports published by the cities or research organizations involved in the project (see Table 1). We considered eco-districts that are planned, under construction, or already built. We did not consider all projects in Europe; rather it is a nonexhaustive list of eco-districts. Initially, we selected the most well-known eco-districts in Europe. Subsequently, we looked for other lesser known eco-districts in France, for which data about environmental conditions and biodiversity were available and described in sufficient detail.

In the first part of our analysis, we limited the literature search to a few eco-district projects that are associated with "EcoQuartier 2009" (MEDDAT, 2008). This was a competition organized by the French Ministry of Ecology, Energy, Sustainable Development and Land Settlement to identify and promote the best eco-district projects within France. We then expanded our study and sought information on other European eco-districts from firms of architects, urban planning groups, and local governments. For each eco-district, certain basic data were recorded: country, city, and name of the district. Then, we focused on measures that were implemented to lessen the impact on the environment (energy, transportation, water, and waste), and finally on measures to conserve biodiversity.

Through these efforts, we established a nonexhaustive list of 54 European eco-districts, which included 45 in France (Table 1). The French eco-districts were distributed fairly well throughout the country; however, there was a higher concentration near Paris and in northern and eastern France. The other nine eco-districts were in Denmark, Finland, Germany, the Netherlands, the United Kingdom, and Sweden.

2. Results

2.1. Eco-districts are environmentally beneficial

The data on the 54 eco-districts that we obtained and analysed indicated that most of the eco-districts were environmentally beneficial in several regards. Among these districts, 51 contained low-energy or positive-energy buildings that drastically reduced the energy needs of the area. In addition, renewable energy, such as solar energy or wind power, was often a major component of the total energy used, which decreased the emissions of greenhouse gases.

In terms of transport, 41 districts had promoted the use of nonmotorized transport by providing numerous paths exclusively for cyclists and pedestrians, and by limiting access by motorized vehicles to certain areas or by developing public transportation, such as local trains or trams.

The eco-districts also showed environmental benefits in terms of waste management. Practices such as the sorting of household waste, recycling, and composting were present in 22 of the eco-districts that we selected, such as De Bonne in Grenoble (France) and Vesterbro in Copenhagen (Denmark). Some districts, such as Västra Hamnen in Malmö (Sweden) and Le Raquet in Douai (France), had set up automated and underground systems for waste collection: rubbish bags travelled in special pipes propelled by powerful fans. The pipes transport the waste to a sorting centre on the outskirts of the town.

In more than half of the eco-districts that we studied throughout Europe, water management is an important issue. Instead of being allowed to run off into rivers, rainwater was stored. It could then be used not only to water green spaces but also to clean public facilities and buildings, and sometimes for certain domestic uses. The eco-districts employed several ways to store water (vegetated ditches, mill ponds, flood plains, and vegetated roofs) or to reduce the use of drinking water for non-drinking purposes.

Almost all of the eco-districts that were focused on in the present study were found to make significant efforts to improve their energy, transport, waste, and water systems from an environmental perspective. What about biodiversity?

2.2. Eco-districts often overlook the preservation of biodiversity

In 16 of the 54 selected eco-districts, the reports and data obtained showed no evidence of measures to conserve biodiversity, or even of guidelines that stressed its importance. Biodiversity was also clearly not a primary concern in any of the other projects, because this issue was usually addressed in very little detail, and often at the end of a document (Table 2).

Although some eco-districts lacked any mention of the preservation of biodiversity in their main objectives, it was sometimes treated implicitly in the "Landscape, Nature, Greenspaces" section of technical documents, which focuses on creating an aesthetically pleasing environment by establishing parks. In addition, some eco-districts had guidelines that used the word 'biodiversity' without specifying what type of biodiversity they were referring to.

In the 38 eco-districts that acted to protect biodiversity, such as Västra Hamnen in Malmö (Sweden), Le Basroch in Grande-Synthe (France), and Le Sycomore in Bussy-Saint-Georges (France), just one or sometimes more recommendations have been proposed and implemented. In general, these recommendations can be classified into two categories: those to prevent the excessive destruction of biodiversity and those to improve biodiversity (Table 1).

The five most frequently observed recommendations related to biodiversity were as follows: (1) 20 districts proposed the preservation of existing natural features, such as old trees, hedges, or wooded parts; (2) 19 districts suggested measures to increase the size of green areas, either on the ground or on buildings; (3) 19 districts recommended the choice of native plant species for cultivation; (4) 16 eco-districts have been designed to consolidate or create ecological corridors; (5) 7 districts proposed the establishment of campaigns to increase the awareness of local residents about the importance of preserving biodiversity (Table 2).

One of the eco-districts for which biodiversity was emphasized particularly in its plans was Le Raquet in Douai (France), which was one of the winners in the category of "Biodiversity/Nature in the City" in the French competition

"EcoQuartier 2009". This eco-district project is based on the future creation of five thematic parks (horticultural, forest, urban, sporting, and aquatic) that represent 42 hectares of the 166 hectares in the district. In these parks, which are intended primarily to provide an aesthetically pleasing environment and recreation space, major ecosystem services, such as microclimate regulation, rainwater drainage, air filtering, and recreational benefits will also be provided. Stormwater will be routed to a main canal and landscaped basin, and wetlands will be created by planting vegetation on one bank of the canal. The goal of the project is to build a contemporary version of a garden city, an urban planning concept developed by Ebenezer Howard in 1898, which consists of residential areas and areas of industry and agriculture that are surrounded by greenbelts. In the area of Le Raquet, in which the green and blue corridors are fragmented, there is a desire to restore an ecological corridor to the north of the area by integrating the 42 hectares of the five parks mentioned above. These parks will be established and managed through an adaptive approach that consists of applying different types and intensities of environmental management to different areas.

Another interesting eco-district is De Bonne in Grenoble (France). This district is located in the heart of the city on the site of former military barracks, rather than at its outskirts, which would have contributed to urban sprawl. The objectives for this district were found to include the restoration of urban continuity, which had been fragmented by the barracks, and the hosting of a wide variety of functions and mixed uses (living, working, shopping, pleasure). There was a desire to promote wellbeing in the public space by introducing vegetation into backyards at ground level as well as introducing vegetation on roofs. This increases the degree to which rainwater can be absorbed and utilised, rather than remaining as a nuisance on tarmac or concrete surfaces. Forty percent (5 ha) of the former barracks has been converted to green space (three public parks and private gardens in the courtyards, which are composed of playgrounds and grass lawns) to provide recreational services to residents. However, these spaces did not appear to be conducive to biodiversity due to perturbation by high levels of human activity. In the two examples of eco-districts mentioned above, the establishment of blue and green corridors and promotion of the wellbeing of residents were found to be the two major goals.

3. Discussion

Our analysis of reports and other literature related to eco-districts in Europe has identified several types of recommendation related to the preservation of biodiversity: (1) the preservation of existing natural features; (2) an increase in the size of green areas; (3) reconsideration of the choice of plant species to cultivate; (4) the creation of ecological corridors; and (5) the establishment of campaigns to increase awareness of the importance of preserving biodiversity. Although these recommendations are praiseworthy goals, they are insufficient to resolve current deficiencies regarding urban biodiversity. Moreover, within the framework of eco-district development, the concept of biodiversity is not always defined in the same way by developers and scientists. The planning approach to biodiversity has a tendency to focus on generalised and large scale elements, in contrast to the approach of ecologists, who focus on the details of biodiversity. Furthermore, managers of eco-districts often view green spaces as static and isolated entities within the urban landscape rather than integrated elements in a larger urban social ecosystem (Borgström et al., 2006).

Many architects and urban planners consider biodiversity in terms of the number of species or the quantity of green areas. This approach overlooks certain aspects of biodiversity and fails to consider ecological functions or ecosystem services that are provided by species at a certain site. Unfortunately, from this limited perspective, simply creating green spaces, planting trees, and laying grass are perceived to be adequate responses to the issue of urban biodiversity. The composition and location of these spaces are both critical characteristics that determine their effectiveness to be habitats for fauna and flora, to be integrated into the area, and to be resilient to disturbances (Colding, 2007).

Another problem with eco-districts is that the planned measures can differ from those that are actually applied when the project is established. In some cases, such as in the district of Clichy-Batignolles in Paris (France), planned measures to promote biodiversity have not been implemented. For example, lawns, which require intensive management and lead to poor biodiversity, have been established instead of meadows, which could be left untreated by pesticides and fertilizers and have potentially higher biodiversity. Alternatively, porous pavements might be abandoned in favour of an impermeable surface.

The consideration of nature in urban planning is not a recent phenomenon: parks and gardens in urban areas have existed for millennia. However, a focus on biodiversity in urban areas, particularly in eco-districts, is new. As such, the main actors involved in urban planning are not always aware of the current state of scientific knowledge in the field of biodiversity. In addition, although many scientific studies on urban ecology and biodiversity have been conducted by researchers (McKinney, 2006; Colding, 2007; Elmqvist et al., 2008; Dearborn & Kark, 2009; Hahs, 2009; Müller & Werner, 2010), they have not necessarily been summarized in reviews that are accessible to urban planners, architects, and policymakers. Nevertheless, these studies have contributed very important findings that can provide the foundations on which it will be possible to establish various recommendations for people who are involved directly in construction and development, particularly in relation to methods for considering biodiversity in the urban environment.

Thus, we describe here two complementary planning visions found in the recent academic literature that will promote the ecosystem functionality of future eco-districts and thus should be integrated into the design of all future eco-districts.

3.1. Biodiversity must be considered at different levels through a new approach to nature

3.1.1. New scaling approach

As Colding (2007) has stated, ecological land-use complementation has potential benefits for biodiversity by increasing habitat availability for species and by promoting landscape functions and major ecosystem processes. For such complementation, the landscape must be composed of a sufficient variety of patch types to enable all species to realize their complete life cycle. This is a useful urban planning approach when it is able to promote the conservation of biodiversity without compromising the space used for human activities. The approach is based on the idea that constituent patches interact in support of biodiversity when clustered together, but not when they are fragmented across an urban area. A high level of total species richness in an urban landscape is a result of high species diversity in each patch (alpha diversity) and variation in the composition of species between patches (beta diversity); the considerable variety of habitat types in urban areas leads to high beta diversity (Niemelä, 1999). The benefits of land-use complementation are based on the manner in which entire ecosystem processes, such as species movement, pollination, and seed dispersal, work to maintain biodiversity; these processes cannot function across fragmented patches. In cities, ecological land-use complementation may involve the clustering together of a whole range of different green patches to increase the available habitats and promote ecological processes (Henry & Frascaria-Lacoste, 2012). An increase in the amount of different green spaces (parks, gardens, intensive green roofs, green walls or street trees) provides species with more potential places in which to live. For example, in the Helsinki area (Finland), variation in the community structure of plants was higher among urban habitats (various types of park and wastelands) than among semi-natural forest sites outside the city (Niemelä, 1999). In the eco-districts that we have selected, although an increase in the size of green areas is common, the diversification of these areas as recommended by Colding (2007) is often absent.

3.1.2. Parks and their management regimes

Furthermore, as Colding has also stated, public and private lands that are subjected to a diversity of management regimes, in which neither herbicides nor pesticides are applied, enable a large variety of species to exist in these ecosystems and provide a buffer for each other against various natural disturbances. The approach often involves an adaptive management of green spaces and a reorganization of the work of technical staff to optimize the use of time and money in the management of these spaces. Government agencies and associations can promote this type of management by informing municipalities about the benefits of changing their practices and training technical staff. Such environmentally friendly management of green spaces is carried out already in many urban communities in France: the 37 cities of the conurbation of Rennes Métropole have had a zero pesticide policy for more than ten years. We also identified the practice of adaptive management in many of the eco-districts included in our study, such as Les Tanneries in Lingolsheim (France), Chantereine in Grandvilliers (France), or EVA-Lanxmeer in Culemborg (the Netherlands).

3.1.3. Promotion of connections between reservoirs of biodiversity

In many cases, the designers of the European eco-districts that are the focus of the present study have restricted their plans to the local scale. However, considerations at the city scale and beyond could be important. This is because planning only at the local scale can contribute to landscape fragmentation. Fragmentation could lead to populations of birds, insects, and other animals that depend on the available green spaces within an urban area becoming smaller and more isolated, and ecosystems could lose their ability to adapt to a changing environment (Elmqvist *et al.*, 2008). In the current context of global urbanization and climate change, this is an important element to consider. A district cannot be ecologically functional without integrating into the natural features that surround it. This is the reason why many eco-districts are designed to integrate into the landscape via ecological corridors, either by using existing corridors or by creating new ones to build a green network, that is, reservoirs of biodiversity and ecological corridors that are linked at the city and landscape scales.

Ecological corridors in cities are important in linking different reservoirs of biodiversity and thus enabling plants and animals to move easily; this facilitates dispersion and maintains a reasonable level of genetic diversity (Opdam *et al.*, 2003). The development of ecological corridors is one way to establish ecological land-use complementation by promoting the ecosystem functions of one or several types of land use that would not be provided if such land-use types were isolated. In addition, when a site includes areas that are devoted specifically to the conservation of biodiversity, such as Natura 2000 (European Network of Nature Protection Areas for Habitats and Birds) or ZNIEFF (Natural Areas of Ecological, Faunistic and Floristic Interest), these areas are already protected, and hence they are preserved in the eco-district projects. Even in the absence of other specific measures, the preservation of landscape features such as woodland, ancient trees or hedged farmlands reduces the impact of urban infrastructure on local biodiversity. These features can also serve as a refuge for species during the construction phase, and can be integrated into future green corridors. Preservation of natural existing features is frequent in the eco-districts that consider biodiversity in their design, but the creation of ecological corridors is less common.

3.1.4. Thinking differently about nature

When a new district is established, and more generally when urban green spaces are created, the choice of plant species to introduce (or to preserve) is important. Invasive potential, allergenicity, and geographical origin are characteristics that are currently considered to be particularly important. Many invasive plants have already been introduced into European cities (such as *Ailanthus altissima*, *Acer negundo*, *Robinia pseudoacacia*, and *Eichhornia crassipes*) and they often spread to rural areas and compete with the native flora (Müller & Werner, 2010). Cities are characterized by associations and abundances of species that have never occurred previously within a biome. These species include urban exploiters (McKinney, 2006) and an abundance of exotic and human commensal species, which are found frequently in highly disturbed sites whose environmental characteristics have been changed markedly by human activity (Dearborn & Kark, 2009). The profoundly modified ecosystems that are present in cities are called "novel ecosystems" or "emerging ecosystems" (Williams & Jackson, 2007; Hobbs *et al.* 2006).

There is very little information about the importance of emerging ecosystems for urban biodiversity and the services that they provide. Nonetheless, it is essential to integrate these ecosystems when considering the characteristics of cities of the future. It is important to maintain the maximum number of species in order to ensure the continuation of major ecological processes, and it is better if these species are native. To reduce the risk of damage to an ecosystem, native species, such as *Quercus robur*, *Acer campestre*, *Castanea sativa*, *Prunus spinosa*, and *Sambucus nigra*, are recommended for use in parks and gardens and the use of invasive plants is avoided in general, as can be seen in many of the eco-districts selected in the present study [Adelshoffen in Shiltigheim (France), Brasserie in Strasbourg (France) or La Clémentière in Granville (France)]. At present, and in the absence of an abundance of reported studies on emerging ecosystems, this precautionary principle is the best solution for preserving urban biodiversity. This is because there are many examples in which exotic species have been introduced and have resulted in biological invasions or disruptions of the stability of the local ecosystem (Ewel & Putz, 2004). However, it is unlikely that the occasional use of ornamental and exotic species will be detrimental to biodiversity as long as their development can be controlled, especially if they promote ecosystem services such as microclimate regulation or rainwater drainage.

Biodiversity-related measures such as vegetated facades and green roofs can help to regulate building temperature (Gedge & Kadas, 2005; Getter & Rowe, 2006; Oberndorfer *et al.*, 2007; Fioretti *et al.*, 2010), and thus reduce the urban heat island effect (Bolund & Hunhammar 1999; Georgi & Zafiriadis, 2006). Biodiversity-related measures can also play a role in water and air purification (Bolund & Hunhammar, 1999; Getter & Rowe, 2006; Ottelé *et al.*, 2011), and thus can reduce the cost of operating infrastructure to provide the same function. Placing a particular emphasis on biodiversity within an eco-district should reduce the cost of achieving sustainable development. In the eco-districts selected in the present study, none of them displays clearly the intention to use biodiversity in that way.

The city is an environment that is exposed to strong anthropogenic pressures, in which significant losses of species can be observed (McKinney, 2008; Hahs, 2009). Ideally, plant and animal populations should be adapted to these pressures. Therefore, it is necessary to consider how to promote evolutionary potential to minimize the effects of climate change and to use an adaptive management approach. Given the severe challenges that climate change may pose, the key is to maintain or restore ecological processes with adapted species instead of maintaining, at all costs, a specific species that is not or is no longer adapted to its environment. The creation of new environments, such as parks, forests, and urban areas, in which management by humans is relatively limited might allow ecological processes to occur, the species present to adapt, and the sustainability and functionality of urban systems to be maintained.

Given that new ecosystems in cities contribute to urban biodiversity and provide services, it is important to consider them in the design and construction of the city, and to continue studies on this topic, particularly to determine whether such ecosystems are resistant and resilient.

3.2. Biodiversity must be considered at every stage of the project and the importance of biodiversity emphasised to the general public

Eco-districts represent a fundamental cultural change in that ecology is no longer dissociated from urban projects or from the social and economic orientations of cities. One of the objectives of an eco-district could be to promote eco-civility, i.e. improving respect for the environment, locally by introducing new ecologically friendly behaviours. Such behaviours could be visible actions that are integrated into an urban policy and that promote respect for biodiversity. In fact, the preservation of biodiversity could be integrated into an eco-district project at each of its stages. This integration should be considered during the design stage, but the ongoing monitoring of biodiversity is also necessary to enable appropriate changes to management approaches to be made after the project has been established.

3.2.1. Considering biodiversity during the design stage

During the stage of designing an eco-district, objectives in terms of vegetation and plant species can be set and a local green network that is integrated at the landscape scale can be proposed. It would be beneficial to write an environmental charter for the eco-district that sets out the desired objectives and the means to achieve them, as well as recommendations for public and private spaces, such as the specification of a list of acceptable plant species and techniques of management that respect local biodiversity (Hostetler *et al.*, 2011; Seabrook *et al.*, 2011).

Other objectives during the construction phase can be aimed at ensuring the quality of future living environments and minimizing the impact of construction on natural habitats. This can be achieved by limiting excavation work, and checking the quality and origin of plants and topsoil. It is also necessary to educate construction companies to respect biodiversity and subject them to regulations that preserve existing biodiversity.

The approach to managing an eco-district is crucial for its future performance. The future approach to the management of public and private spaces must be considered by the architects and urban planners during the design stage, and should promote biodiversity, by measures such as prohibition of the use of pesticides and fertilizers as well as the application of adaptive management approaches.

3.2.2. Public awareness of the issue of biodiversity

It is also necessary to increase public awareness of biodiversity and the method of management of green spaces that has been chosen, via public meetings or the widespread dissemination of relevant information. In fact, education of the public is an essential measure for the preservation and promotion of biodiversity within cities (Peltonen & Sairinen, 2010; Puppim de Oliveira *et al.*, 2011). Eco-district management cannot simply be imposed successfully from above. For the public, there is a huge difference between just being provided with information and participating actively in the planning process. The involvement of residents at each stage of the decision making on management and final planning is essential for the successful integration of the conservation of biodiversity into the eco-district concept. Kemmis (2002) insists that there is a need for more public deliberation on the purpose of public land, such as eco-districts. Residents of an eco-district must be made aware of the issue of preservation of biodiversity so that they can adopt environmentally friendly behaviour that is compatible with this goal. At present, residents of areas in which eco-districts are planned are sometimes involved at the design stage of the project, which is one way to improve the functionality and sustainability of an eco-district. Raising awareness among citizens of the issue of biodiversity might increase their concern for the protection and conservation of nature in cities, as well as at the global scale. In the present study, we have found that this type of awareness is present in only six of the 54 eco-districts analysed. In many of the eco-districts that are already built or are being constructed, raising the awareness of people about biodiversity is not the priority.

3.2.3. Monitoring to enable changes to the management approach

Monitoring biodiversity in an eco-district is also essential. It can be carried out through inventories or observations. Changes in biodiversity within an eco-district can thus be analysed and newly arising issues can be identified and dealt with. Links can be established between the results of the biodiversity assessment and the effectiveness of measures taken in the district. Then, the management plan can be adapted by reorientating actions that are aimed at protecting or promoting biodiversity. Such adaptive management is necessary for eco-districts to achieve their initial objectives. Adaptive management can provide reliable assessment of management programs, provide new ecological information during the process of assessment, and, if warranted, enable use of the new information to modify existing plans (Murphy and Noon, 1991). None of the ecodistricts that were analysed highlighted such monitoring in their technical reports.

4. Conclusion

The human relationship with nature within urban environments differs among countries: the way in which urban citizens and policymakers reflect on nature and act to protect or promote it depends on various cultural and historical factors. The consideration of nature has been integrated into urban policies far longer in northern Europe than in France, where the artificiality of the "Jardins à la française" (French formal gardens) still has a strong influence. In France, a change in attitude is under way, but it remains difficult for many people to accept a type of nature within urban areas that is not managed intensively.

A strong commitment is needed to deal with the poor state of biodiversity in cities worldwide; eco-districts could be a tremendous springboard for such change, rather than just a marketing concept to attract new residents to housing developments or certain districts within cities. Improving the quality of life of residents by undertaking specific actions to improve biodiversity will create a better image of cities. Furthermore, the involvement of residents at each stage of the construction of their neighbourhood, particularly in the final planning decisions, could strongly promote the application of measures to improve or protect biodiversity within eco-districts.

It is important to consider biodiversity in the design of eco-districts. Currently, projects are designed primarily with a focus on energy, water, transport, and waste. Biodiversity is given a much lower priority. As such, at present, those who wish to emphasize biodiversity in the design of eco-districts must adapt to the constraints that are imposed by these other features. However, biodiversity should be given a high priority because it can have beneficial knock-on effects on these other features through ecosystem services, such as microclimate regulation, air filtering, and rainwater drainage (Tzoulas et al., 2007). Nevertheless, it is necessary to continue studies to confirm the level of benefits that are provided by various biodiversity-related measures.

A new approach to urban biodiversity is needed. This should involve the creation of more varied green spaces that are arranged to ensure ecological land-use complementation within urban areas and to connect reservoirs of biodiversity to the eco-district. In addition, these spaces should be managed in a way that limits the use of herbicides or pesticides. Moreover, biodiversity should be considered at every stage of a project, from the design phase to the actual management, and ongoing monitoring is required to enable appropriate changes to management approaches to be made after the project has been established.

By implementing the proposals outlined in this paper, application of the eco-district concept to future cities in their entirety might become realistic; in contrast to the current status of the concept as primarily a marketing tool for local sustainable development.

Acknowledgements

The authors would like to thank the ParisTech Chair in "Eco-design of buildings and infrastructure" (www.chaire-eco-conception.org), which funds the doctoral research of Alexandre Henry, and Elaine Desvaux and Romain Carrié, students in AgroParisTech, who collected data during their internship.

References

Bolund, P., Hunhammar, S., 1999. Ecosystem services in urban areas. Ecological Economics. 29, 293-301.

Borgström, S.T., Elmqvist T., Angelstam, P., Alfen-Norodom, C., 2006. Scale mismatches in management of urban landscapes. Ecology and Society, 11, 16.

Bryant, M.M., 2006. Urban landscape conservation and the role of ecological greenways at local and metropolitan scales. Landscape and Urban Planning. 76, 23-44.

Colding, J., 2007. "Ecological land-use complementation" for building resilience in urban ecosystems. Landscape and Urban Planning. 81, 46-55.

Dearborn, D.C., Kark, S., 2009. Motivations for conserving urban biodiversity. Conservation Biology. 24, 432-440.

Elmqvist, T., Alfsen, C., Colding, J., 2008 Urban Systems, in: Jorgensen, S.E., Fath, B. (Eds), Ecosystems. Vol. 5 of Encyclopedia of Ecology, Elsevier, Oxford, pp. 3665-3672.

Ewel, J.J., Putz, F.E., 2004. A place for alien species in ecosystem restoration. Frontiers in Ecology and the Environment, 2, 354-360.

Fioretti, R., Palla, A., Lanza, L.G., Principi, P., 2010. Green roof energy and water related performance in the Mediterranean climate. Building and Environment 45, 1890-1904.

Gedge, D., Kadas, G., 2005. Green roofs and biodiversity. Biologist 52, 161-169.

Georgi, N.J., Zafiriadis, K., 2006. The impact of park trees on microclimate in urban areas. Urban Ecosystems, 9, 195-209.

Getter, K.L., Bradley Rowe, D., 2006. The role of extensive green roofs in sustainable development. HortScience, 41, 1276–1286.

Hahs, A.K., McDonnell, M.J., McCarthy, M.A., Vesk, P.A., Corlett, R.T., Norton, B.A., Clemants, S.E., Duncan, R.P., Thompson, K., Schwartz, M.W., Williams, N.S.G., 2009. A global synthesis of plant extinction rates in urban areas. Ecology Letters, 12, 1165-73.

Henry, A., Frascaria-Lacoste, N., 2012. The green roof dilemma – Discussion of Francis and Lorimer (2011). Journal of Environmental Management, 104, 91-92.

Hobbs, R.J., Arico, S., Aronson, J., Baron, J.S., Bridgewater, P., Cramer, V.A., Epstein, P.R., Ewel, J.J., Klink, C.A., Lugo, A.E., Norton, D., Ojima, D., Richardson, D.M., Sanderson, E.W., Valladares, F., Vila, M., Zamora, R., Zobel, M., 2006. Novel ecosystems. Theoretical and management aspects of the new ecological world order, Global Ecology and Biogeography, 15, 1-7.

Hostetler, M., Allen, W., Meurk, C., 2011. Conserving urban biodiversity? Creating green infrastructure is only the first step. Landscape and Urban Planning, 100, 369-371.

Kemmis, D., 2002. Science's role in natural resource decisions. Issues in Science and Technology, 12: 31-34.

Kenworthy, J.R., 2006. The eco-city: ten key transport and planning dimensions for sustainable city development. Environment and Urbanization, 18, 67-85.

Lord, C.P., Strauss, E., Toffler, A., 2003. Natural cities: urban ecology and the restoration of urban ecosystems. Virginia Environmental Law Journal Association, 21, 317-385.

McKinney, M.L., 2006. Urbanization as a major cause of biotic homogenization. Biological Conservation, 127, 247-260.

McKinney, M. L., 2008. Effects of urbanization on species richness: A review of plants and animals. Urban Ecosystems, 11, 161-176.

MEEDDAT (French Ministry of Ecology, Energy, Sustainable Development and Land Settlement), 2008. Notice explicative du dossier de candidature au concours ÉcoQuartier 2008/2009 (Notice of the application for the Eco-district competition 2008/2009).

Millennium Ecosystem Assessment, 2005. Ecosystems and Human Well-Being: Synthesis, Island Press, Washington, DC.

Müller, N., Werner, P., 2010. Urban Biodiversity and the Case for Implementing the Convention on Biological Diversity in Towns and Cities, in: Müller, N., Werner, P., Kelcey, J.G. (Eds), Urban Biodiversity and Design, Wiley-Blackwell, Oxford, UK.

Murphy, D.D., Noon, B.D., 1991. Coping with uncertainty in wildlife biology. Journal of Wildlife Management, 55, 773-782.

Niemelä, J., 1999. Ecology and urban planning. Biodiversity and Conservation, 8, 119-131.

Oberndorfer, E., Lundholm, J., Bass, B., Coffman, R., Doshi, H., Dunnett, N., Gaffin, S., Kohler, M., Liu, K., Rowe, B., 2007. Green roofs as urban ecosystems: ecological structures, functions and services. BioScience, 57, 823-833.

Opdam, P., Verboom, J., Pouwels, R., 2003. Landscape cohesion: an index for the conservation potential of landscapes for biodiversity. Landscape Ecology, 18, 113-126.

Ottelé, M., Perini, K., Fraaij, A.L.A., Haas, E.M., Raiteri, R., 2011. Comparative life cycle analysis for green façades and living wall systems. Energy and Buildings, 43, 419-3429.

Peltonen, L., Sairinen, R., 2010. Integrating impact assessment and conflict management in urban planning: Experiences from Finland. Environmental Impact Assessment Review, 30, 328-337.

Puppim de Oliveira, J.A., Balaban, O., Doll, C.N.H., Moreno-Peñaranda, R., Gasparatos, A., Iossifova, D., Suwa, A., 2011. Cities and biodiversity: Perspectives and governance challenges for implementing the convention on biological diversity (CBD) at the city level. Biological Conservation, 144, 1302-1313.

Seabrook, L., Mcalpine, C.A., Bowen, M.E., 2011. Restore, repair or reinvent: Options for sustainable landscapes in a changing climate. Landscape and Urban Planning, 100, 407-410.

Tzoulas, K., Korpela, K., Venn, S., Ylipelkonen, V., Kazmierczak, A., Niemela, J., James, P., 2007. Promoting ecosystem and human health in urban areas using Green Infrastructure: A literature review. Landscape and Urban Planning, 81, 167-178.

Williams, J.W., Jackson, S.T., 2007. Novel climates, no-analog communities and ecological surprises, Frontiers in Ecology and the Environment, 5, 475-482.

Tables

Henry, Roger-Estrade and Frascaria-Lacoste, The eco-district concept: effective for promoting urban biodiversity?
Table 1. List of eco-districts and environmental measures
Websites mentioned in this article were accessed on August 10, 2012.

District	City (Country)	Measures for environment	References
Adelshoffen	Schiltigheim (France)	Energy: reduce consumption and use renewable energy Develop public transportation Facilities for bicycles and pedestrians	http://www.strasbourg.eu/urbanisme/projets_urbains/demarche-ecoquartiers?ItemID=215038159
Andromède	Blagnac and Beauzelle (France)	Energy: reduce consumption and use renewable energy Develop public transportation Facilities for bicycles and pedestrians Using rainwater for irrigation Waste sorting	Guyonnet Hélène, 2007. Villes et quartiers durables : l'affirmation de nouvelles ambitions urbaines. Mémoire de recherche. Sciences Po Toulouse
Bastide-Niel	Bordeaux (France)	Energy: reduce consumption and use renewable energy Develop public transportation	http://www.lacub.fr/implanter-son-activite-sur-la-cub/bastide-niel
Baudens	Bourges (France)	Energy: reduce consumption and use renewable energy Facilities for bicycles and pedestrians	http://www.ecoquartier-baudens.fr
Bottière Chênaie	Nantes (France)	Energy: reduce consumption Develop public transportation Waste sorting, recycling and composting Using rainwater for irrigation	http://www.nantes.fr/eco-quartier-bottiere-chenaie
Boucicaut	Paris (France)	Energy: reduce consumption and use renewable energy Facilities for pedestrians Waste sorting	http://www.boucicaut.fr
Boule - Sainte-Geneviève	Nanterre (France)	Energy: reduce consumption Develop public transportation Facilities for pedestrians and bicycles Using rainwater for irrigation	http://www.cofely-gdfsuez.fr/document/?f=files/fr/DP_ecoquartier_Nanterre_vF.pdf
Bourtzwiller	Mulhouse (France)	Energy: reduce consumption and use renewable energy	http://www.mulhouse.fr/fr/bourtzwiller
Brasserie	Strasbourg (France)	Energy: reduce consumption Facilities for bicycles and pedestrians	http://www.strasbourg.eu/urbanisme/projets_urbains/demarche-ecoquartiers?ItemID=215038159
Chantereine	Grandvilliers (France)	Energy: reduce consumption and use renewable energy Facilities for pedestrians Waste sorting Using rainwater for irrigation	Cormier A, Castains C, Bouhadji M, Lavogez M. 2011. Ecoquartier de Grandvilliers. Université de Technologie de Compiègne
Claude Bernard	Paris (France)	Energy: reduce consumption and use renewable energy Develop public transportation	Fédération des entreprises publiques locales. 2008. Eco-quartiers : les Epl innovent
Clause Bois-Badeau	Brétigny-sur-Orge (France)	Energy: reduce consumption and use renewable energy Facilities for bicycles and pedestrians	http://www.ecoquartierbretigny91.com
Clichy-Batignolles	Paris (France)	Energy: reduce consumption Waste sorting and recycling Using rainwater for irrigation	http://clichy-batignolles.fr
Danube	Strasbourg (France)	Energy: reduce consumption and use renewable energy Develop public transportation Facilities for bicycles and pedestrians Waste sorting and composting Using rainwater for irrigation and toilets	http://www.strasbourg.eu/urbanisme/projets_urbains/demarche-ecoquartiers?ItemID=215038159
De Bonne	Grenoble (France)	Energy: reduce consumption and use renewable energy Develop public transportation Facilities for pedestrians	http://www.debonne-grenoble.fr
Desjoyaux	Saint-Etienne (France)	Energy: reduce consumption Waste sorting Using rainwater for toilets	http://www.envirobolte.net/spip.php?action=telecharger&arg=180
Ginko	Bordeaux (France)	Energy: reduce consumption and use renewable energy Using rainwater for irrigation	http://www.ecoquartier-ginko.fr
Grand Large	Dunkerque (France)	Energy: reduce consumption and use renewable energy Using rainwater for irrigation	http://www.aucame.fr/web/publications/etudes/fichiers/Fiche_Dunkerque.pdf

Name	Location	Features	URL
Ile de Nantes	Nantes (France)	Energy: reduce consumption and use renewable energy Develop public transportation Facilities for bicycles and pedestrians Using rainwater for irrigation	http://www.iledenantes.com/fr
La Clémentière	Granville (France)	Energy: reduce consumption Facilities for bicycles and pedestrians Waste sorting and recycling	http://www.ville-granville.fr/ecoquartier.asp
La Confluence	Lyon (France)	Energy: reduce consumption and use renewable energy Develop public transportation Using rainwater for irrigation	http://www.lyon-confluence.fr
La Courrouze	Rennes and Saint-Jacques-de-la-Lande (France)	Energy: reduce consumption Develop public transportation Facilities for bicycles and pedestrians Waste sorting Using rainwater for irrigation	Fédération des entreprises publiques locales. 2008. Eco-quartiers : les Epl innovent
La Mérigotte	Poitiers (France)	Energy: reduce consumption and use renewable energy Develop public transportation Facilities for bicycles and pedestrians Using rainwater for irrigation	http://www.poitiers-quartier-merigotte.fr
La Pellandière	Sablé-sur-Sarthe (France)	Energy: reduce consumption Develop public transportation	http://www.sablesursarthe.fr/pages/posts/ecoquartier-de-la-pellandiere-documents-en-ligne523.php
La Viscose	Echirolles (France)	Energy: reduce consumption	http://energy-cities.eu/IMG/pdf/La_Viscose_Echirolles.pdf
Le Basroch	Grande-Synthe (France)	Energy: reduce consumption and use renewable energy Waste sorting	http://ville-grande-synthe.com/userfiles/Dossier%20de%20presse%20%20Ecoquartier.pdf
Le Grand Hameau	Le Havre (France)	Energy: reduce consumption and use renewable energy Develop public transportation Facilities for bicycles and pedestrians	http://www.cba-architecture.com/Projets/Fiche-ZAC-Grand-Hameau-Nord-Bleville-73-2009-date.htm?PHPSESSID=acd75ae52b9da1946120ae463fb20262
Le Raquet	Douai and Sin-le-Noble (France)	Energy: reduce consumption and use renewable energy Facilities for bicycles and pedestrians Waste sorting	http://www.douaisis-agglo.com/developper/lhabitat-et-lurbanisme/le-raquet/
Le Séqué	Bayonne (France)	Energy: reduce consumption Waste sorting and recycling Using rainwater for irrigation	Direction de la communication de la ville de Bayonne. 2010. Le Séqué, un nouveau quartier à Bayonne. Dossier de Presse
Le Sycomore	Bussy-Saint-Georges (France)	Energy: reduce consumption and use renewable energy Develop public transportation Using rainwater for irrigation	http://projets.epa-marnelavallee.fr/projects_fre/Nos-grands-projets-votre-avenir/Les-ecoquartiers/Le-Sycomore-a-Bussy-Saint-Georges
Les Brichères	Auxerre (France)	Energy: reduce consumption Using rainwater for irrigation	Atelier d'architecture urbaine, Renaudie S, Mueller A. 2006. L'éco-quartier des Brichères. Ville d'Auxerre
Les Capucins	Angers (France)	Energy: reduce consumption and use renewable energy Develop public transportation Facilities for bicycles and pedestrians	http://www.lepuzzle.angers.fr
Les Pielles	Frontignan (France)	Energy: reduce consumption and use renewable energy Develop public transportation Facilities for bicycles and pedestrians Using rainwater for irrigation	Fédération des entreprises publiques locales. 2008. Eco-quartiers : les Epl innovent
Les Portes du Kochersberg	Vendenheim (France)	Energy: reduce consumption Develop public transportation Facilities for bicycles and pedestrians	http://www.strasbourg.eu/urbanisme/projets_urbains/demarche-ecoquartiers?itemID=215038159
Les Rives de la Haute Deûle	Lille (France)	Energy: reduce consumption and use renewable energy Facilities for bicycles and pedestrians Using rainwater for irrigation	http://gpu.mairie-lille.fr/ressources/8pagesrhdweb.pdf
Les Rives du Bohrie	Ostwald (France)	Energy: reduce consumption and use renewable energy Facilities for bicycles and pedestrians Waste sorting	http://www.strasbourg.eu/urbanisme/projets_urbains/demarche-ecoquartiers?itemID=215038159
Les Tanneries	Lingolsheim (France)	Energy: reduce consumption and use renewable energy Develop public transportation Facilities for bicycles	http://www.strasbourg.eu/urbanisme/projets_urbains/demarche-ecoquartiers?itemID=215038159

Les Temps Durables	Limeil-Brévannes (France)	Energy: reduce consumption and use renewable energy Develop public transportation Facilities for bicycles and pedestrians Using rainwater for irrigation	http://www.limeil-naturellement.fr
Monconseil	Tours (France)	Energy: reduce consumption Using rainwater for irrigation	http://monconseil.tours.fr
Monges-Croix du Sud	Cornebarrieu (France)	Energy: reduce consumption and use renewable energy Develop public transportation Facilities for bicycles and pedestrians Waste sorting Using rainwater for irrigation	Fédération des entreprises publiques locales. 2008. Eco-quartiers : les Epl innovent
Pajol	Paris (France)	Energy: reduce consumption and use renewable energy Using rainwater for irrigation	http://www.semaest.fr/article/zac-pajol-18e
Rungis	Paris (France)	Energy: reduce consumption and use renewable energy Develop public transportation Waste sorting Using rainwater for irrigation and toilets	http://www.parisgarederungis.fr
Saint Jean des Jardins	Châlon-sur-Saône (France)	Develop public transportation Facilities for bicycles and pedestrians Waste sorting Using rainwater for irrigation	http://energy-cities.eu/IMG/pdf/Saint-Jean_des_Jardins_Chalon.pdf
Seine-Arche	Nanterre (France)	Energy: reduce consumption Using rainwater for irrigation and toilets Develop public transportation Facilities for bicycles and pedestrians	http://www.ladefense-seine-arche.fr
Val de la Pellinière	Les Herbiers (France)	Facilities for bicycles and pedestrians	http://www.lesherbiers.fr/vie-pratique/urbanisme/le-val-de-la-pelliniere
Augustenborg	Malmö (Sweden)	Energy: reduce consumption and use renewable energy Develop public transportation Waste sorting, recycling and composting	http://www.malmo.se/English/Sustainable-City-Development/Augustenborg-Eco-City.html
BedZed	Sutton (United Kingdom)	Energy: reduce consumption and use renewable energy Develop public transportation Facilities for bicycles and pedestrians Waste sorting Using rainwater for irrigation and toilets	http://energy-cities.eu/IMG/pdf/Ecoquartiers_BedZed.pdf
EVA-Lanxmeer	Culmeborg (Nederlands)	Energy: reduce consumption and use renewable energy Develop public transportation Waste sorting, recycling and composting Using rainwater for toilets	http://energy-cities.eu/IMG/pdf/Ecoquartiers_Eva-Lanxmeer.pdf
GWL-Terrein	Amsterdam (Nederlands)	Develop public transportation Facilities for bicycles and pedestrians Waste sorting Using rainwater for toilets	www.gwl-terrein.nl
Hammarby-Sjöstad	Stockholm (Sweden)	Energy: reduce consumption Develop public transportation Waste sorting and recycling	http://energy-cities.eu/IMG/pdf/Ecoquartiers_Hammarby-Sjostad.pdf
Västra Hamnen	Malmö (Sweden)	Energy: reduce consumption and use renewable energy Waste sorting and recycling	http://www.malmo.se/English/Sustainable-City-Development/Bo01---Western-Harbour.html
Vauban	Freiburg-im-Breisgau (Germany)	Energy: reduce consumption and use renewable energy Facilities for bicycles and pedestrians	www.vauban.de
Vesterbro	Copenhagen (Denmark)	Energy: reduce consumption and use renewable energy Waste sorting and recycling	http://www.energy-cities.eu/db/copenhague_579_fr.pdf
Viikki	Helsinki (Finland)	Energy: reduce consumption Develop public transportation Facilities for bicycles Waste sorting and composting Using rainwater store for irrigation	http://www.energy-cities.eu/IMG/pdf/Ecoquartiers_Eco-Viikki.pdf

Henry, Roger-Estrade and Frascaria-Lacoste, The eco-district concept: effective for promoting urban biodiversity?
Table 2. List of eco-districts and measures for biodiversity

Eco-districts \ Measures for Biodiversity	Preservation of natural existing features	Increase the size of green areas	Creation of ecological corridors	Choice of native plant species to cultivate	Campaigns to increase the awareness of local residents
Adelshoffen	x		x	x	
Andromède	x				x
Bastide-Niel					
Baudens		x		x	
Bottière Chênaie	x				
Boucicaut	x				
Boule - Sainte-Geneviève					
Bourtzwiller					
Brasserie	x		x	x	
Chantereine	x		x		
Claude Bernard		x			
Clause Bois-Badeau		x	x		
Clichy-Batignolles	x	x	x		
Danube	x		x	x	
De Bonne		x			
Desjoyaux					
Ginko				x	
Gran dLarge					
Ile de Nantes					
La Clémentière	x		x	x	
La Confluence					
La Courrouze	x		x		
La Mérigotte	x	x	x	x	
La Pellandière					
La Viscose					
Le Basroch	x		x	x	x
Le Grand Hameau		x			
Le Raquet		x	x	x	
Le Séqué					
Le Sycomore					x
Les Brichères	x		x		
Les Capucins					
Les Pielles				x	
Les Portes du Kochersberg	x		x	x	
Les Rives el Haute Deûle				x	
Les Rives el Bohrie	x	x	x	x	x
Les Tanneries	x		x	x	
Les Temps Durables		x	x		
Monconseil					
Monges-Croix du Sud	x			x	x
Pajol					
Rungis					
Saint Jean des Jardins					
Seine-Arche					
Val de la Pellinière	x			x	
Augustenborg		x			
BedZed		x			
EVA-Lanxmeer		x		x	
GWL-Terrein					
Hammarby-Sjöstad		x			
Västra Hamnen		x			x
Vauban	x	x			
Vesterbro		x			
Viikki	x	x	x	x	x

55

Chapitre 3

Comparing green structures using life cycle assessment: a potential risk for urban biodiversity homogenization?

LETTER TO THE EDITOR FOR INT J LIFE CYCLE ASSESS

Comparing green structures using life cycle assessment: a potential risk for urban biodiversity homogenization?

Alexandre Henry · Nathalie Frascaria-Lacoste

Received: 12 June 2012 / Accepted: 13 June 2012 / Published online: 26 June 2012
© Springer-Verlag 2012

Against a background of urban sprawl and global climate change, the eco-design of districts has become a common practice. Indeed, in many French and European cities, projects for eco-districts that are based on the three pillars of sustainable development, namely economy, society and ecology, have been established. Different urban morphologies have been proposed for these eco-districts, as well as the use of various technical options such as low-energy or positive-energy buildings, low-impact transportation, and water and waste management. However, these solutions have to be examined carefully in order to achieve results that are in line with the original objectives beyond this design approach. Life cycle assessment (LCA) constitutes an aid to the design of districts that involves evaluation of the overall environmental impact of a project throughout its lifespan (Forsberg and von Malmborg 2004; Norman et al. 2006; Popovici and Peuportier 2004). LCA addresses environmental impacts at a global level, including those associated with the fabrication of construction materials, and energy and transport processes.

A recent paper (Ottelé et al. 2011) featured a discussion of comparative LCA between a conventional built-up European brick façade, a façade that was greened directly, a façade that was greened indirectly (i.e. supported by a steel mesh), a façade covered with a living wall system based on planter boxes and a façade covered with a living wall system based on layers of felt. The aim was to ensure that the positive quantifiable aspects of vertical greening surfaces are also associated with a lower environmental impact during the lifespan of greened buildings (Ottelé et al. 2011). In addition to the environmental benefits of the four greening systems, the research evaluated whether these systems were sustainable in view of the materials used, maintenance, and nutrients and water needed. By its comparison of different greening systems, this work has identified new scientific directions that can reduce the environmental costs of the construction. It is likely that further studies will build on this foundation. In the present letter, we would like to highlight the risk in comparing LCAs, as described by Ottelé et al. (2011), of moving towards homogenization of biodiversity in urban elements by a focus on key green materials that are identified to be environmentally advantageous.

Urban ecosystems are rich in biodiversity but are threatened by urbanization, fragmentation and the destruction of habitats. The species richness is due to the fact that many cities developed in heterogeneous landscapes at the junction of different habitat types (Kühn et al. 2004). The cities are themselves highly structured (Niemela 1999) and have microclimates that enable a large range of species to thrive (Sukopp and Starfinger 1999). The substantial richness in plant and animal species in cities is due to the wide variety of habitats, to the variety of types and intensities of land use and to the large number of microhabitats that result from the diversity of materials used for the construction (Kühn et al. 2004). Cities should not be barriers to animal and plant species, but rather ecological networks that are connected to natural areas in their surroundings. Consequently, land use in urban areas has a strong influence on biodiversity. In the future, urban configurations that support ecosystem processes and promote resilience will be required (Colding 2007). In cities, ecological land use complementation (Colding 2007) may involve the clustering together of an extensive range of different green patches to increase the available habitats and promote ecological processes (Henry and Frascaria-Lacoste 2012). As Colding (2007) stated, ecological land use complementation has potential benefits for biodiversity by increasing the availability of habitats for

A. Henry (✉) · N. Frascaria-Lacoste
UMR 8079, Laboratoire Ecologie Systématique et Evolution,
AgroParisTech,
Bâtiment 360, Université Paris Sud,
91405 Orsay Cedex, France
e-mail: alexandre.henry@u-psud.fr

species and by promoting landscape complementation functions and critical ecosystem processes. For effective complementation, the landscape must be composed of a sufficient variety of types of patch to enable all species to realize their complete life cycle. An increase in the amount of different green spaces (parks, gardens, intensive green roofs, green walls, and street trees) provides species with a greater number of potential places in which to live. Thus, the challenge for the design of future cities is to combine a sufficient number of different green elements in an optimal way.

The industry of the production of green building materials is emerging currently. However, the labelling of green material is disparate and complex (Rajagopalan et al. 2012). In addition, consumers are suspicious about the environmental claims of manufacturers (Rajagopalan et al. 2012). Given these difficulties, some researchers (Ottelé et al. 2011; Rajagopalan et al. 2012) have investigated the potential use of LCA in developing product labels for green building materials. The adoption of LCA in the labelling of green products has the potential to boost the confidence of consumers in such products, and thus could increase their use in residential buildings. A recent paper (Ottelé et al. 2011) calculated the environmental impact of the production, use, maintenance and waste of the four vertical greening systems in relation to their benefits. Their conclusions, albeit drawn with certain caveats, were to favour systems that are associated with lower energy demands in their establishment and maintenance (Ottelé et al. 2011).

We completely agree that LCA: (1) has the potential to guide the development of green products and their labelling systems, even if further works are required to confirm the sustainability of them (such as improvement of air quality or mitigation of urban heat); (2) can help to provide more information about products to the consumer and (3) could help in the making of decisions about purchases of green elements that are good for environment. Nevertheless, the use of LCA could lead to particular focus being placed on specific green elements, while others are overlooked, and thus could lead to many buildings that use the same green elements being designed. Consequently, this could potentially further homogenize natural features within cities and have a negative impact on biodiversity functioning. Therefore, we suggest that the scientific community should be careful with respect to the use of LCA comparisons for the design of, and decision-making regarding, green surfaces within towns. Other tools that could integrate land use complementation into urban planning, for example, are also needed to create conditions that improve the life cycle of biodiversity. Hence, there appears to be a strong need for a compromise between what is desirable for biodiversity, what is economically feasible, what is environmentally attainable and what is acceptable to the people in a given city.

Acknowledgments The authors would like to thank the Paris Tech Chair in "Eco-design of buildings and infrastructure" (www.chaire-eco-conception.org), which funds the doctoral research of Alexandre Henry.

References

Colding J (2007) 'Ecological land-use complementation' for building resilience in urban ecosystems. Landsc Urban Plan 81:46–55
Forsberg A, von Malmborg F (2004) Tools for environmental assessment of the built environment. Build Environ 39:223–228
Henry A, Frascaria-Lacoste N (2012) The green roof dilemma—discussion of Francis and Lorimer (2011). J Environ Manage 104:91–92
Kühn I, Brandl R, Koltz S (2004) The flora of German cities is naturally species rich. Evol Ecol Res 6:749–764
Niemela J (1999) Ecology and urban planning. Biodivers Conserv 8:119–131
Norman J, MacLean HL, Kennedy CA (2006) Comparing high and low residential density: life-cycle analysis of energy use and greenhouse gas emissions. J Urban Plan D-ASCE 132:10–21
Ottelé M, Perini K, Fraaij ALA, Haas EM, Raiteri R (2011) Comparative life cycle analysis for green façades and living wall systems. Energ Build 43:3419–3429
Popovici E, Peuportier B (2004) Using life cycle assessment as decision support in the design of settlements. In Proceedings of the 21st Conference on Passive and Low Energy Architecture, 19–22 September 2004, Eindhoven
Rajagopalan N, Bilec MM, Landis AE (2012) Life cycle assessment evaluation of green product labeling systems for residential construction. Int J Life Cycle Assess 17(6):753–763
Sukopp H, Starfinger U (1999) Disturbance in urban ecosystems. In: Walker LR (ed) Ecosystems of disturbed ground: ecosystems of the world 16. Elsevier, Amsterdam, pp 397–412

Springer

Conclusion de la première partie

Tels que pratiqués actuellement, les toits végétalisés, majoritairement de type extensif, ne peuvent pas prendre part dans un réseau écologique urbain. En effet, leur potentiel pour accueillir une diversité riche et fonctionnelle reste assez limité. L'exemple des toits végétalisés n'est pas un exemple isolé dans la prise en compte de la biodiversité dans les aménagements urbains. Notre étude sur les éco-quartiers européens le montre clairement. Dans la plupart de ces quartiers, la problématique de la biodiversité est considérée en dernier lieu, après la question de l'énergie, des transports, de l'eau et des déchets. Les mesures pour favoriser la biodiversité sont peu nombreuses. Elles se limitent à (1) la préservation de quelques éléments naturels existants, (2) à l'augmentation de la surface des espaces verts, (3) au choix d'espèces végétales locales, (4) à la conservation ou la création de corridors écologiques et (5) à la mise en place de campagnes de sensibilisation des habitants. Bien que ces mesures soient nécessaires, elles ne sont pas suffisantes.

Pour améliorer ces pratiques, nous proposons alors d'autres mesures pour promouvoir le fonctionnement de l'écosystème, telles que (1) la complémentation écologique des habitats pour promouvoir les processus écologiques, (2) une gestion adaptative des espaces verts, c'est-à-dire sans utiliser d'intrants et en permettant aux espèces de réaliser leur cycle de vie complet, (3) connecter les réservoirs de biodiversité afin de permettre aux espèces de conserver leur potentiel évolutif en défragmentant le paysage et (4) une approche de la nature plus authentique centrée sur les processus écologiques plutôt que sur l'ornemental, avec l'utilisation d'espèces locales, mieux adaptées aux conditions environnementales du site.

Les problèmes de mauvaise prise en compte de la biodiversité, mis en évidence par ces études, sont dus à la fois à un manque de connaissance écologique des gestionnaires urbains, mais aussi, comme nous l'avons vu avec l'exemple de l'ACV, à l'absence d'outils appropriés pour considérer au mieux cette problématique.

Face à ce constat, il nous a paru important de développer de nouveaux outils, à la fois d'aide à la décision et d'aide à la concertation, pour que la biodiversité puisse être prise en compte dans les aménagements urbains.

Deuxième partie :

Développement de nouveaux outils pour la prise en compte de la biodiversité dans les aménagements urbains

Introduction de la deuxième partie

Dans un premier temps, nous nous somme intéressés aux outils d'aide à la décision pour les urbanistes, afin qu'ils puissent correctement prendre en compte la biodiversité dans leurs pratiques. Nous avons tout d'abord travaillé avec Frank Derrien (paysagiste) autour du Profil-Biodiversité, un outil « d'évaluation, de comparaison et de progression de la biodiversité » qu'il a créé récemment et dont nous avons participé à la mise en œuvre des paramètres sur la Cité Descartes. Suite à cette collaboration, et pour compléter cette approche, nous avons développé notre propre outil que nous avons appelé BioDi(v)Strict. En amont, nous souhaitions que notre outil soit compréhensible par les non-spécialistes, rapide et peu coûteux à utiliser, et qu'il soit un indicateur de l'état des dynamiques écologiques sur un site. Ces caractéristiques nous ont paru essentielles pour inciter les gestionnaires urbains à prendre en compte la biodiversité, dans un souci d'opérationnalité pour une appropriation plus forte.

Même si grâce à ces outils d'aide à la décision, les meilleures mesures pour favoriser la biodiversité en ville sont appliquées, elles ne pourront pas être entièrement efficaces sans l'acceptation des autres acteurs locaux. En effet, de telles mesures ne sont réellement concluantes que lorsque les utilisateurs y prennent part. C'est pour cela que nous avons développé un outil d'aide à la concertation. Il s'agit d'un outil informatique basé sur une modélisation d'un système multi-agent (SMA) associé à un jeu de rôles. Pour ce modèle, nous avons choisi de représenter une zone péri-urbaine et les conséquences environnementales de son développement. Cet outil a pour vocation de faire émerger une prise de conscience, notamment de l'intérêt de la biodiversité, des différents acteurs locaux pour initier le dialogue entre eux.

Dans cette seconde partie de la thèse, nous allons dans un premier chapitre présenter un article que nous avons soumis à *Land Use Policy* qui exprime le besoin de nouveaux outils d'aide à la décision pour la prise en compte de la biodiversité dans l'aménagement urbain. Ensuite, nous avons appliqué les deux outils d'aide à la décision (Profil-Biodiversité et BioDi(v)Strict) sur un site pilote : la Cité Descartes. Dans un second chapitre, nous allons présenter un article, en préparation pour *Ecological Modelling*, sur l'intérêt d'un SMA pour la concertation en milieu péri-urbain, puis nous décrirons plus en détails le modèle NewDistrict que nous avons développé, ainsi que le jeu de rôle qui le complète.

Chapitre 1
Outils d'aide à la décision

1.1. Biodiversity in decision-making for urban planning: Need for new improved tools

L'article a été soumis à *Land Use Policy*.

Biodiversity in decision-making for urban planning: Need for new improved tools

Alexandre HENRY* and Nathalie FRASCARIA-LACOSTE

AgroParisTech, UMR 8079, Laboratoire Ecologie Systématique et Evolution, Bâtiment 360, Université Paris Sud, 91405 Orsay Cedex, France
*Corresponding author. Tel.: +33(0)1 69 15 77 20; Fax: +33(0)1 69 15 46 97;
E-mail address: alexandre.henry.fr@gmail.com

Abstract

Urban areas consist of complex environments in which ecological and human systems interact. In these ecological systems, which contain a very specific type of biodiversity, there is a need for a different approach to environmental planning compared with that in rural areas. Urbanization and human activities are causing the destruction of native habitats and species, but biodiversity is overlooked somewhat in urban planning. Thus, new methods of environmental planning are needed to improve the understanding of biodiversity amongst the different stakeholders, such as urban planners, architects, and politicians. These methods must also enable quick responses to changes in the management of a site. Here, we present two recent and effective methods for planning urban developments that enables the diagnosis of potential changes in the status of biodiversity at a given site: the Biodiversity Profile and a tool developed by Hermy and Cornelis (2000). They are based on parameters that are both local, such as pollution, fragmentation, and species composition, and regional, such as those at the landscape scale. These tools enable the following two questions to be answered: What is the potential for biodiversity at the site? Which parameters should be focused on in order to develop the site's capacity to support biodiversity? Compared with other methods that are too complex for the various stakeholders that play a role in urban areas, the above proposed methods are not only simpler to use but also more complete and exhaustive because they integrate a large number of diverse parameters that affect biodiversity and its functioning. These advantages contribute to the more successful implementation of policies that promote biodiversity in urban planning.

Keywords: urban planning; urban biodiversity; ecosystem services; Biodiversity Profile; decision support tool.

Highlights:

- We present two recent and effective methods for planning urban developments.
- They enable the diagnosis of potential changes in the status of biodiversity.
- These methods are easy to use and understandable by non-specialists.
- They integrate parameters that affect biodiversity functioning.
- These decision support tools are useful in projects involving many different actors.

1. Introduction

Cities already cover 2% of the surface of the globe and the consumption of resources by their inhabitants accounts for more than 75% of the total for the world's population (Müller and Werner, 2010). Currently, half of the global population lives in cities and, by 2050, more than two-thirds will do so (UNFPA, 2007).

In urban ecological systems, which contain a very specific type of biodiversity, there is a need for a different approach to environmental planning compared with that in rural areas. In cities, biodiversity should not require human intervention for it to sustain itself, be able to adapt to a changing environment, and provide ecosystem services such as food production, regulation of the micro-climate, cultural and recreational features, and air purification.

Despite the importance of biodiversity in cities, urbanization and human activities are continuing to cause the destruction of native habitats and species. Moreover, a previous study on eco-districts revealed that a low priority is placed on biodiversity in urban planning (Henry et al., in prep.). Indeed, in urban planning projects, the level of consideration of biodiversity varies markedly depending on the degree of knowledge of this issue among managers and the particular constraints of a site. The above-mentioned study showed that biodiversity is not a primary concern among planners of eco-districts (Henry et al., in prep.), owing to their use of diverse and poorly defined ecological measures and confusion over the exact definitions of terms such as nature, green area, and park (Löfvenhalt *et al.*, 2002).

In eco-districts, emphasis is usually placed on the development of renewable energy and transport management, and the issues of nature and biodiversity are often overlooked. Moreover, in the few districts in which planners have focused on this issue, the recommendations are limited and sporadic (such as the creation of ecological corridors or the preservation of existing natural features), and insufficient to resolve all problems related to urban biodiversity (Henry et al., in prep.). Indeed, there is a lack of methods to facilitate spatial planning that can take into account the risks and opportunities that arise from changes in land use over small and large scales. In addition, the time scales that are used in planning (1 or 2 years) differ from the time scales that are demanded by an ecological perspective (decades to centuries) (Löfvenhalft et al., 2002). Consequently, there is an urgent need to mobilize urban planners on these issues in an integrated manner. Thus, new methods of environmental planning are needed to improve the understanding of biodiversity amongst the different stakeholders, such as urban planners, architects, and politicians; these methods must also enable quick responses to changes in the management of a site (Löfvenhalft et al., 2002). Taking planning decisions in an environment that is limited by social, economic, and political constraints is not easy. There is less freedom to make environmental decisions than in parks or reserves, where fewer actors are involved and anthropogenic pressures are less intense. Given the more constrained situation in urban environments, easier access to information related to biodiversity is necessary in order to implement appropriate decisions. First of all, urban planners need effective methods that are easy for non-specialists to use in order to consider biodiversity in a way that will lead to concrete benefits on this issue.

For instance, life cycle assessment (LCA) is one effective method that is used increasingly in construction planning, as a tool to support decision-making. However, in this method, which involves evaluation of the overall environmental impact of a project throughout its lifespan, biodiversity is incorporated as an element that could be impacted negatively by a project, but the possible benefits for biodiversity are not considered. Hence, the consideration of biodiversity in this tool is not satisfactory (Henry and Frascaria-Lacoste, 2012).

In the present paper, we present recent and effective methods for planning urban developments that enable the diagnosis of potential changes in the status of biodiversity at a site. These methods are based on parameters that are both local, such as pollution, fragmentation, and species composition, and regional, such as those at the landscape scale. They can be adopted quickly in urban planning projects by major actors who are not specialists in biodiversity-related issues to initiate dialogue and implement appropriate actions.

2. Easy planning method for decision support

The first step in urban planning should be to make an environmental overview of the site (composition and location of natural features, and ecological issues) to enable non-specialists to consider the issue of biodiversity within the context of the specific project. This step should be followed by an open discussion in order to develop a collaborative project. This need for collaboration explains why effective methods for assessment of the issue of biodiversity by non-specialists are required at an early stage. It is important to estimate the potential of the site to host a functional level of biodiversity that can be resilient and adapt to environmental changes. Over recent years, new tools for decision support to help stakeholders and urban planners to consider biodiversity in their activities have emerged (Tzoulas and James, 2010; Löfvenhalft *et al.*, 2002). Atlases and inventories of biodiversity indicate the current composition and distribution of species at the national or regional scale. At the district or building scale, environmental impact assessments enable an analysis of the initial state of the site and the impact of future projects. These assessments are based on inventories of plants and animals, and their aims are to describe the state of the site and to highlight the presence of rare habitats or species that should be preserved. However, project managers often have negative opinions about the consideration of biodiversity in urban projects in that it adds complexity and obstacles to a project, rather than being a useful approach that can support them in implementing biodiversity-related practices.

Against this background, we suggest the suitability of the Biodiversity Profile (www.biodiversityprofile.com), which is a new and effective method for planning urban developments that is easy to comprehend. The Profile is a tool for the assessment, improvement, and monitoring of biodiversity that enables analysis of a site and provides information on which to base plans for organizing it. In addition, we can also propose the use of a tool developed by Hermy and Cornelis (2000), which is a monitoring method with multifaceted and hierarchical indicators of biodiversity. These tools enable the following two questions to be answered: What is the potential for biodiversity at the site? Which parameters should be focused on in order to develop the site's capacity to support biodiversity?

3. Features of the new improved tools

The Biodiversity Profile planning method is based on five parameters that can be used to improve the characteristics of a site in order to make it more favourable for biodiversity. The first parameter takes into account the fragmentation of the landscape by considering the presence of green and blue corridors that lead into the site or are located in its surroundings. The quality and the geographical distribution of these corridors are estimated in order to appraise the capacity of species to interact and circulate throughout the territory without difficulty.

The second parameter considers the exchange of biomass between the different environmental compartments (soil, water, and air). The ecological quality of riverbanks (structure and composition) is evaluated, and the proportion of the surface area of the site that is covered with vegetation or other natural features (i.e. not buildings or roads) and in which biomass could be created is calculated.

The diversity of habitats for wild species is the third parameter of the tool. The presence and quality of manmade habitats for fauna and flora, such as nesting boxes and bug hotels, and the arrangement of plant structures within the site are considered, because they can promote the enduring presence of populations of various species.

The diversity of plants, which is a factor affecting the resilience of an ecosystem markedly, is considered in the fourth parameter. The proportions of the surface area of the site that are covered with perennial plant structures (such as forests, hedgerows, lawns, and other structures with sustainable vegetation), with native plant species, and with invasive plant species are calculated.

The last parameter is related to the use of inputs, which makes green spaces artificial and causes the existing natural populations to become dependent on a human presence. The presence of pollutants such as fertilizers and pesticides is analysed, and the amount of green space that is irrigated by water supplied from manmade infrastructure is determined.

A score is given to each parameter according to its effects on biodiversity on a scale from 0 "very unfavourable" to 9 "very favourable". On the basis of these scores, a global score is given to the site. This global score reflects the capacity of the site to host biodiversity.

The strength of the method lies in the diversity and complementarity of the parameters used, which give it the capacity to consider the most important aspects that influence biodiversity within a site. Fragmentation, pollution, and artificialization are the main threats to biodiversity, and the five parameters used in this tool can clarify whether the conditions at a site that are related to these three variables are beneficial or detrimental to biodiversity. This enables the manager of an urban planning project to choose which elements to improve at the site in order to increase the capacity to host biodiversity. Indeed, this tool enables both the assessment and the improvement of global parameters that are favourable to biodiversity, which should be conserved, or unfavourable to biodiversity, which should be improved. The Biodiversity Profile does not provide a true representation of functional biodiversity, but it is a pedagogical tool that shows how to prevent mismanagement at a site and improve its potential for hosting biodiversity. Consequently, additional tools, including indicators of potential functioning, should be applied to complete the overview of the site.

Hermy and Cornelis (2000) have proposed a monitoring method for urban and suburban parks that takes into account the multiscale and complex habitats of such areas. The approach is based on both habitat diversity and species diversity. In the first part, which analyses habitat unit diversity, they distinguish planar (e.g. forest, grassland, garden), linear (e.g. alley, hedge, watercourse), and punctual (e.g. single tree, pool) elements. The list of habitat units comprises 56 elements. Only habitats that might be important for biodiversity are considered. By compiling an inventory of these habitats in a given site, the Shannon–Wiener diversity index and saturation index can be calculated. The Shannon–Wiener index is one of the most commonly used indices of diversity. It takes into account both species richness and the relative abundance of each of these species in a community. The saturation index is an easy way to express diversity as a percentage of the maximum possible diversity in a given area.

In the second part of the method, species diversity is estimated by considering four species groups that are indicators of biodiversity and are easy to determine: 1) vascular plants establish the architecture of the site and provide ecological niches for animal species; 2) butterflies respond quickly to changes in environment; 3) amphibians are sensitive to the quality of their habitat; and 4) the diversity of breeding birds depends on a number of features of urban parks (management, structure, habitat heterogeneity). For vascular plants, only the diversity index is calculated. For butterflies, amphibians, and breeding birds, only the saturation index is calculated, by comparing the observed numbers of species with the total number of species in the region.

The approach of Hermy and Cornelis may be used as a basis for monitoring parks and assessing the effects of changes in management approaches. However, the method is relatively time consuming, particularly the quantitative assessment of the diversity of plant species. Other parameters could be considered, such as non-vascular plant species, the presence of toxic compounds in wildlife species, and the diversity of lichens, but the time required for their assessment would be too long for practical application.

For the optimal approach, the Biodiversity Profile, which indicates the potential of a site to host biodiversity, should be coupled with the method of Hermy and Cornelis (2000), which can supply an estimation of the ecological functioning of the site. Although the complementarity of the two methods enables a good ecological assessment of the site to be made, their combination does not address the issue of local governance. Governance and the management of urban biodiversity could be assessed by indicators such as the budget allocated to biodiversity, the number of biodiversity projects implemented by the city annually, and the existence of local strategy and action plans for biodiversity.

The methods described above do not replace design phases for land settlement; rather they provide information on ecological elements that will make the site more favourable to biodiversity. One of the interesting features of these tools is that they force actors to face their responsibilities to act locally by highlighting the deterioration of the environment and the existing biodiversity that will result from certain decisions. They are decision support tools that initiate dialogue about the results of past actions and the potential results of future ones and are easily understandable by non-specialists, such as planners and politicians. Furthermore, their application matches the speed with which planning decisions must sometimes be made; they can be used to shed light on the consequences of actions within a short space of time in order to evaluate ecological engineering and land settlement projects accurately. Compared with other decision support tools, which are too complex for a wide range of non-specialist stakeholders, the combination of these two methods is not only simple to apply but also provides a more complete and exhaustive analysis due to its integration of a large number of diverse parameters. As a consequence, this approach can contribute to the more successful implementation of biodiversity-related policies in urban planning.

4. Conclusion

Urban ecosystems are rich in biodiversity but are threatened by urbanization, fragmentation, and the destruction of habitats. Furthermore, cities are complex systems that are subject to social, political, economic, and environmental pressures. Current approaches towards the consideration of biodiversity in urban planning are not sustainable, which is often due to the lack of knowledge available to the planners. New more rapid and less specialized methods of environmental planning are needed. Here, we have presented two new tools that should improve planning practices in urban environments, and indeed all environments that are affected markedly by human activities. For the sustainable development of cities, information on the various characteristics that affect biodiversity should be clear and accessible for non-specialists to facilitate discussion and consultation. Decision support tools are very useful in projects that involve many different actors and in which conflicts among stakeholders are common. They can initiate dialogue between actors such as property developers and ecologists, who often have opposite objectives. In such situations, deadlock can occur because of a lack of desire to negotiate on both sides. However, new tools for urban planning, which consider the full complexity of the situation but are still accessible to non-specialists, can help compromises to be reached and enable cities to grow while still promoting pro-environmental practices.

Acknowledgments

The authors would like to thank the ParisTech Chair in "Eco-design of buildings and infrastructure" (www.chaire-eco-conception.org), which funds the doctoral research of Alexandre Henry. They also would thank Frank Derrien (landscape architect), the designer of the Biodiversity Profile, who has provided all the details necessary to understand the tool.

References

Henry, A. Frascaria-Lacoste, N., 2012. Comparing green structures using life cycle assessment: a potential risk for urban biodiversity homogenization? International Journal of Life Cycle Assessment. 17, 949-950. DOI: 10.1007/s11367-012-0462-3

Henry, A., Roger-Estrade, J., Frascaria-Lacoste, N., in prep. The eco-district concept: effective for promoting urban biodiversity?

Hermy, M., Cornelis, J., 2000. Towards a monitoring method and a number of multifaceted and hierarchical biodiversity indicators for urban and suburban parks, Landscape and Urban Planning. 49, 149-162.

Löfvenhaft, K., Björn, C., Ihse, M., 2002. Biotope patterns in urban areas: a conceptual model integrating biodiversity issues in spatial planning, Landscape and Urban Planning. 58, 223-240.

Müller, N., Werner, P., 2010. Urban biodiversity and the case for implementing the convention of biological diversity in towns and cities, in Müller, N., Werner, P. and Keley J.G. (Ed.), Urban Biodiversity and Design, Wiley-Blackwell, 3-33.

Tzoulas, K., James, P., 2010. Making Biodiversity Measures Accessible to Non-Specialists: An Innovative Method for Rapid Assessment of Urban Biodiversity. Urban Ecosystems. 13, 113-127.

UNFPA, 2007. State of the World Population 2007: Unleashing the Potential Urban Growth. United Nations Population Fund, New York.

1.2. Etude de la Cité Descartes : Application des outils de prise en compte de la biodiversité pour les aménagements urbains

Introduction

Du fait de l'épuisement des ressources naturelles et des changements climatiques en cours, le développement durable est devenu un enjeu majeur de beaucoup d'acteurs impliqués dans l'urbanisme, notamment les entreprises de construction et les collectivités locales (Houdet, 2008 ; Natureparif, 2011 ; Natureparif, 2012). Actuellement, la prise en compte de la biodiversité dans l'aménagement urbain n'est pas une priorité, d'une part par le manque de connaissance des différents acteurs sur ce sujet, et d'autre part par l'absence d'outils facilement appropriables et utilisables par des non-spécialistes de la biodiversité (Henry & Frascaria-Lacoste, *under review*). Le développement de nouveaux outils d'aide à la décision plus simples à utiliser est donc nécessaire pour que les professionnels puissent prendre en compte les enjeux de développement durable dans leurs pratiques.

De tels outils sont développés dans le cadre de la Chaire ParisTech-VINCI « Eco-conception des ensembles bâtis et des infrastructures » et seront appliqués sur une étude de cas commune : la Cité Descartes.

La Cité Descartes (Figure 1) se situe sur les communes de Champs-sur-Marne (77) et Noisy-le-Grand (93), à l'est de Paris, et s'étend sur 123 ha. Il s'agit d'un pôle de recherche et d'enseignement qui accueille 15000 étudiants. Dans un projet d'extension urbaine, l'EPAMARNE (Etablissement public d'aménagement de Marne-la-Vallée), qui a la charge d'aménager le site pour le compte de l'Etat et des collectivités locales, a confié aux Ateliers Lion une mission de maîtrise d'œuvre urbaine pour la réalisation d'un plan guide, la conception des espaces publics et le suivi opérationnel des réalisations en vue d'en faire un éco-quartier. Dans leur approche, l'idée est de développer des lieux de vie, des lieux de rencontre et d'échange des savoirs, de développer des centralités commerciales alternatives aux centres commerciaux de la région. Cela se fera par une restructuration du site et la construction de nouveaux bâtiments (Ateliers Lion, 2010).

Figure 1 - Vue aérienne de la Cité Descartes (77)

Dans ce document, nous allons présenter deux nouveaux outils qui doivent permettre une prise en compte de la biodiversité lors de projets d'urbanisme, de façon à ce que les gestionnaires puissent se les approprier et les utiliser. Pour illustrer ces outils, nous les appliquerons sur le territoire de la Cité Descartes. Il s'agira de faire un état des lieux du site pour estimer sa valeur en terme de biodiversité afin d'orienter les décideurs vers les meilleurs choix à faire.

Dans un premier temps, nous utiliserons l'outil Profil-Biodiversité, déjà opérationnel et utilisé dans les études d'urbanisme, qui permet d'avoir un aperçu rapide des grandes caractéristiques du site. Dans un second temps, nous utiliserons un outil (BioDi(v)Strict) que nous développons actuellement, qui permet d'avoir une vision plus axée sur les dynamiques écologiques d'un site.

1. Profil Biodiversité

1.1. Présentation de l'outil

L'outil Profil-Biodiversité (http://profilbiodiversite.com) est un outil « d'évaluation, de progression et de suivi de la biodiversité », conçu par Frank Derrien, architecte paysagiste et ancien responsable d'un bureau d'études en biodiversité et développement durable. Il a développé cet outil pour répondre à la demande croissante des entreprises et des collectivités qui manquent d'outils pertinents pour traiter au mieux la problématique de la biodiversité dans leurs activités. Nous l'avons conseillé sur les paramètres le composant.

Cet outil s'articule autour de 5 thèmes qu'il a choisi de prendre en compte :

- La fragmentation du territoire

Le paysage est de plus en plus fragmenté par les activités humaines, en particulier par l'urbanisation croissante et la construction d'infrastructures de transport. Il est important de prendre en compte l'impact de cette fragmentation dans l'aménagement du territoire.

- Les échanges entre les compartiments (eau, sol, air)

Ces échanges eau-sol-air peuvent être rendus difficiles voire inexistants du fait de l'imperméabilisation des sols et de l'entretien excessif des espaces verts. Ces éléments doivent être mesurés et pris en compte.

- La diversité des biotopes

La présence et la diversité des habitats créés pour la faune et la flore sont des éléments prépondérants pour le maintien de populations d'espèces dans des milieux urbains très contraints et profondément modifiés par l'Homme. L'installation de nichoirs, d'hôtels à insectes, et la disposition des structures végétales sur le site peuvent favoriser leur maintien et donc peuvent être prises en compte.

- La diversité végétale

La diversité des plantes présentes dans un écosystème favorise profondément sa durabilité et sa capacité de résilience. La proportion du site couvert par des structures végétales pérennes telles que des forêts, des haies ou des prairies, ainsi que la présence de plantes invasives sont des éléments à prendre en compte dans l'aménagement urbain.

- L'utilisation d'intrants

Les espaces verts urbains et les espèces qui les composent sont très dépendants de l'Homme du fait de l'utilisation de biocides (pesticides, herbicides et fongicides), de fertilisants et de l'arrosage avec de l'eau potable qui artificialisent ces écosystèmes.

1.2. Méthodologie

Chacun de ces cinq thèmes est évalué grâce à plusieurs indicateurs quantitatifs ou qualitatifs (Tableau 1). Un barème de notation a été établi pour faire correspondre à chaque résultat d'un indicateur une note comprise entre 0 (très défavorable à la biodiversité) et 9 (très favorable à la biodiversité). Cette échelle de notation a été fixée de manière assez arbitraire. Ces notes permettent d'évaluer les 5 thèmes pour estimer l'état du site à l'état initial (Profil actuel), puis dans un second temps l'état potentiel (Profil cible), c'est-à-dire avec les meilleures notes possibles pour tous les indicateurs, compte tenu des caractéristiques et des contraintes du site.

Par exemple pour estimer l'état du site du point de vue de la fragmentation, quatre indicateurs sont utilisés : la qualité de la trame verte extérieure au site et la proportion de la périphérie du site en contact avec celle-ci, la qualité de la trame bleue extérieure au site et la qualité de contact du site avec celle-ci (Tableau 1). L'estimation de ces paramètres se fera subjectivement afin d'avoir rapidement une idée générale de la question. Il en est de même pour les paramètres des quatre autres thèmes, ils sont le plus souvent basés sur une estimation subjective.

Des actions concrètes sont ensuite proposées pour améliorer les notes de chaque indicateur, laissant libre choix aux décideurs de mettre en œuvre les actions qu'ils choisissent. Un suivi régulier est réalisé pour voir l'évolution du site d'un point de vue de la biodiversité.

1.3. Application à la Cité Descartes

Le Profil Biodiversité a été appliqué à la Cité Descartes (Figure 2) par Frank Derrien et moi-même en septembre 2011. Nous avons couplé nos observations à celles d'un bureau d'études (Sol Paysage) qui avait déjà prospecté le terrain. Les notes de chaque indicateur sont données dans le Tableau 1.

Tableau 1 - Grille de notation de l'outil Profil-Biodiversité et résultat de la Cité Descartes. Profil Actuel en noir, Profil Cible en bleu.

86

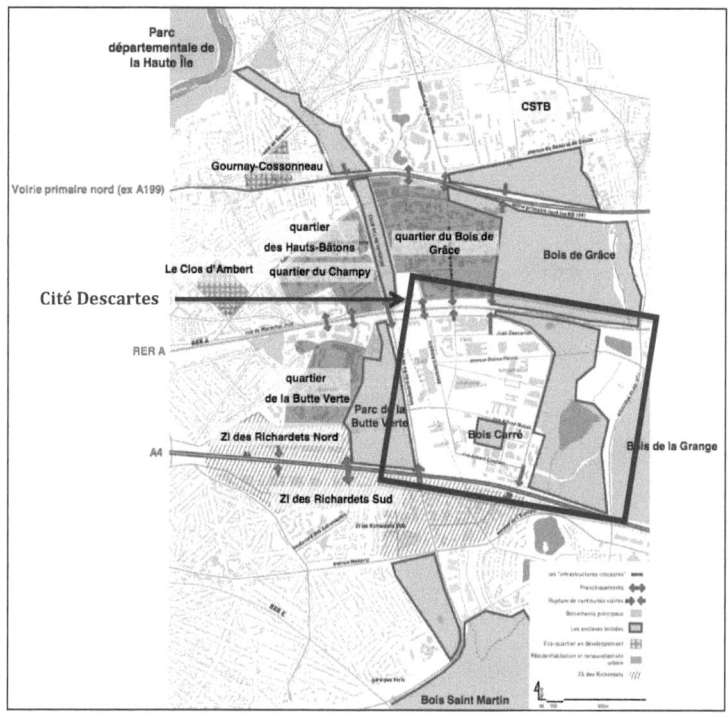

Figure 2 - Représentation du Cluster Descartes, des ruptures et des continuités

(Source : Ateliers Lion, Sol Paysage)

- La fragmentation du territoire

La Cité Descartes se situe à proximité de plus de 1000 ha de forêts, composés notamment par les forêts domaniales de Notre-Dame et d'Armainvilliers et quelques boisement de plus petites tailles comme les bois de Grâce, Saint-Martin, de Célie et de la Grange. La Marne qui coule près du site, et quelques plans d'eau (un étang et 8 mares) forment un début de trame bleue. Nous pouvons néanmoins noter que la présence de nombreuses infrastructures routières et ferroviaires, notamment l'autoroute A4 et le RER A, fragmentent le territoire et sont des ruptures pour la trame verte existante.

Au cœur du site, la présence de noues et de ruisseaux permet de former un maillage de petite taille. De plus, nous avons pu constater en allant sur le site que les espaces verts étaient peu diversifiés (beaucoup de pelouses) et leur entretien trop régulier (haies taillées, pelouses rases), la continuité écologique au sein du site nous paraît donc peu aboutie.

- Les échanges entre les compartiments

Nous avons estimé qu'un peu plus d'un tiers des sols du site sont imperméables (données Frank Derrien). Les espaces verts qui composent le site sont en grande partie gérés de manière intensive, c'est-à-dire que les pelouses sont régulièrement tondues, les haies sont taillées et les feuilles d'arbres sont ramassées lorsqu'elles tombent. La matière organique est exportée et ne peut donc pas être décomposée pour apporter des nutriments dans les sols.

De même, la plupart des plans d'eau sont aménagés de sorte qu'il n'y a pas de berges avec un gradient de végétation ou des pentes douces permettant à la faune et la flore de s'y installer durablement.

- La diversité des biotopes

En matière d'habitats disponibles pour la faune, nous n'avons noté la présence d'aucun abri d'origine anthropique. Le recouvrement végétal du site est important mais peu diversifié. On retrouve notamment des arbres isolés, des haies taillées et des pelouses rases. Les sols sont majoritairement fermés et compactés. Il n'existe donc pas une diversité d'habitats écologiques suffisante qui permettrait le développement d'une biodiversité plus riche.

- La diversité végétale

Nous avons observé que la diversité des espèces végétales présentes sur le site est faible (données Frank Derrien). Le végétal est surtout utilisé comme élément de décor. On trouve surtout des espèces horticoles, ornementales ou annuelles. Beaucoup de haies taillées (thuyas, buis, lauriers) et de massifs de fleurs plantées sont présents sur le site. Les végétaux des parterres étant changés à chaque saison et la flore spontanée éliminée par le désherbage, il n'y a pas de dynamique naturelle durable car les populations ne peuvent pas se renouveler d'elles-mêmes.

- L'utilisation d'intrants

Au vu de leur composition et de leur entretien, nous avons observé que les espaces verts de la Cité Descartes sont majoritairement entretenus à l'aide d'intrants (données Frank Derrien). En effet, la flore spontanée n'y est pas présente. Nous avons pu observer des dispositifs d'arrosage automatique dans plusieurs espaces verts.

Les notes obtenues pour chacun des 5 thèmes (Tableau 1) sont présentées dans les diagrammes radar suivants. Le profil actuel (Figure 3) et le profil cible (Figure 4) sont respectivement favorables à la biodiversité à 41% et à 85%. Ces pourcentages ont été calculés à partir des notes obtenues précédemment. Pour le profil cible, nous n'avons pas tenu compte du projet proposé par les Ateliers Lion.

Ainsi, pour atteindre les 85% du profil cible, des aménagements alternatifs au projet établi sont proposés. Par exemple, il faut réaménager les sols en créant des surfaces perméables sur les zones de stationnement, des espaces de transitions végétalisés au niveau des berges des plans d'eau et des passages à faune au-dessus et en-dessous des infrastructures de transport. La diversification des structures et des strates végétales est possible par la plantation de haies multispécifiques (composées par exemple de charme, cornouiller sanguin, fusain d'Europe, noisetier, prunellier et troène champêtre), la création de jardins partagés (sans utilisation d'intrants) ou la mise en place de toits et murs végétalisés sur les bâtiments. L'utilisation d'espèces végétales locales, donc adaptées au site, et une gestion différenciée des espaces verts permettent de réduire les besoins en eau, reconstituer la vie du sol et favoriser la régénération spontanée pour une meilleure résilience de l'écosystème.

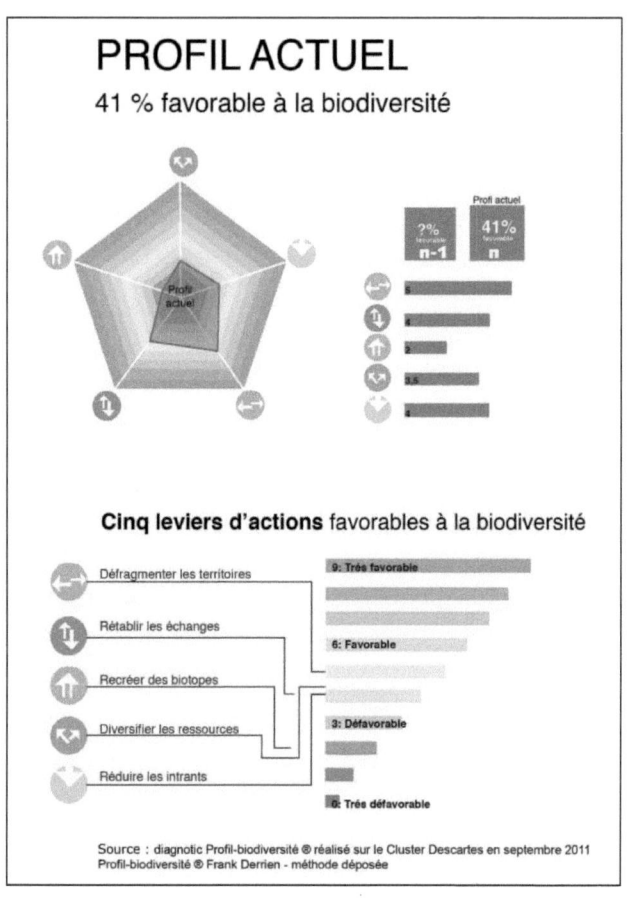

Figure 3 - Profil actuel de la Cité Descartes

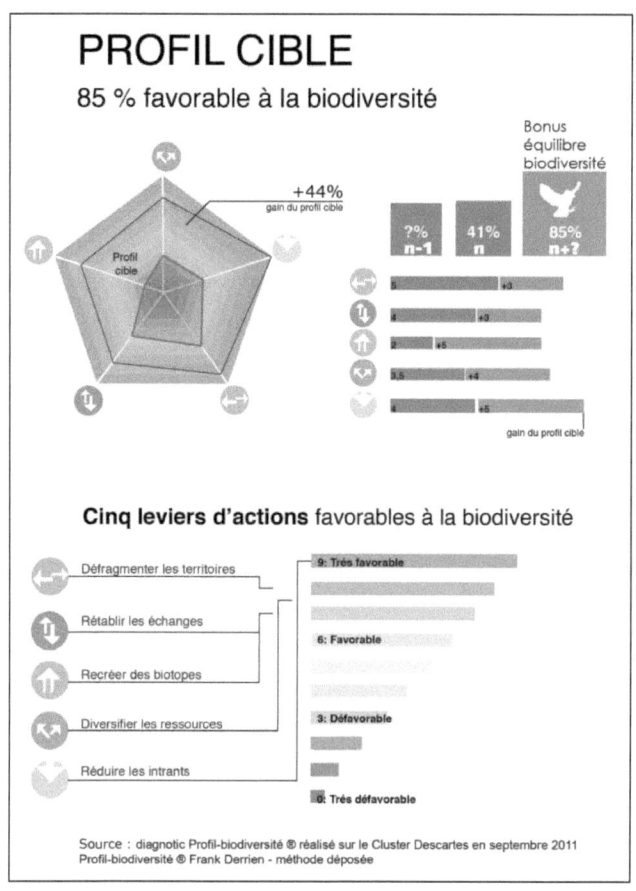

Figure 4 - Profil potentiel de la Cité Descartes

1.4. Discussion – Conclusion

Avec le Profil-Biodiversité, nous avons vu que la Cité Descartes est actuellement peu favorable à la biodiversité (41%). Avec des aménagements, il serait possible de lui conférer un potentiel plus élevé (85%). De plus, les Ateliers Lion projettent de construire des bâtiments (pour les activités économiques, les logements, les commerces et les équipements) (Figure 5), en grande partie sur les espaces verts non construits (cercles verts), en lisière des bois (cercles rouges) et moins souvent sur des friches urbaines (cercle noir) (Figure 6). Il s'agit plus d'une densification urbaine que d'un étalement urbain. Toutefois, beaucoup de zones intéressantes pour la biodiversité seront impactées par ce projet (Figure 6).

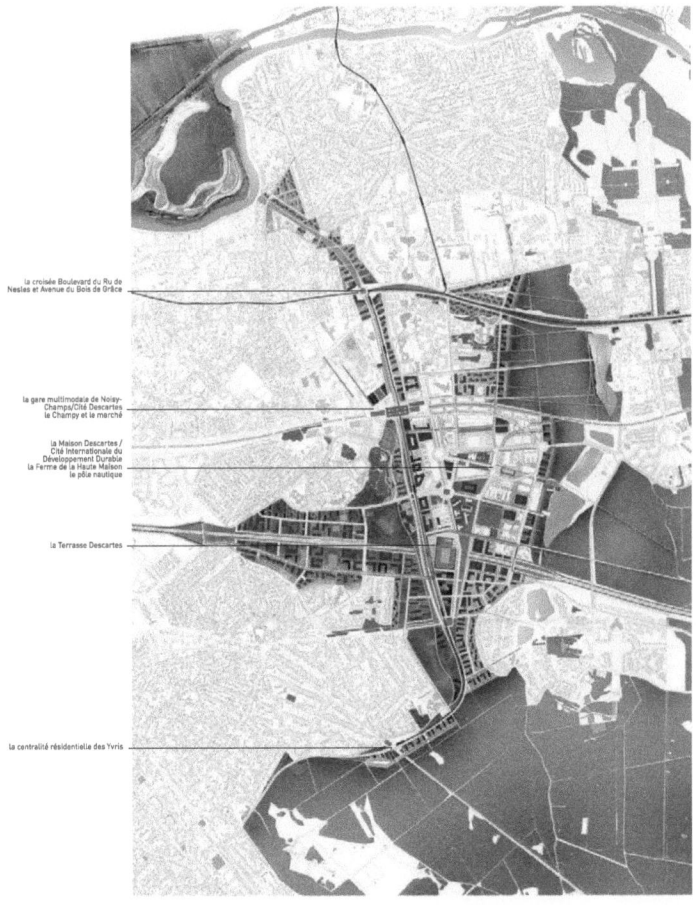

Figure 5 - Le plan programme de la Cité Descartes. Les bâtiments existants sont en gris. Les bâtiments en projet sont en rouge, bleu et violet (Source : Ateliers Lion).

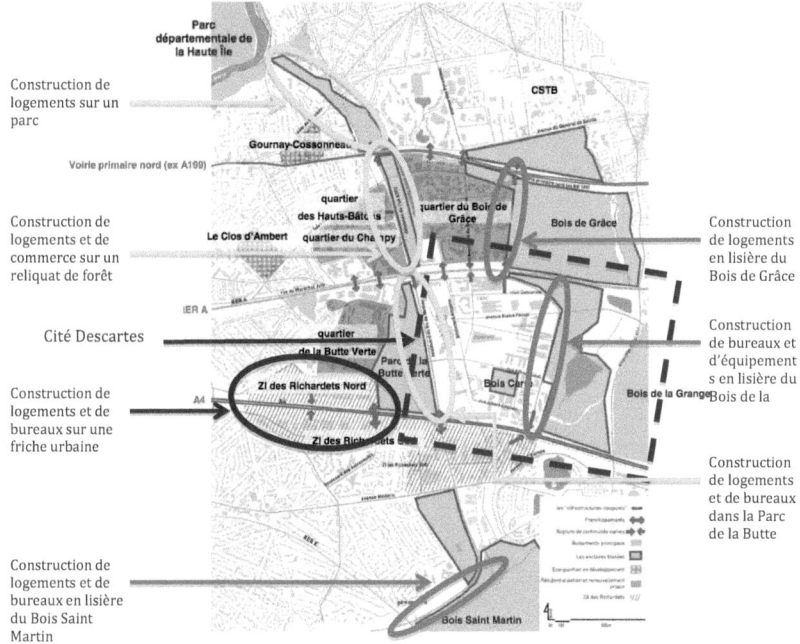

Figure 6 - Représentation du Cluster Descartes et des zones impactées par le projet de construction (à partir de Ateliers Lion et Sol Paysage) Cercles verts : espaces verts qui vont être bâtis ; cercles rouges : lisières de forêt qui vont être construites ; cercle noir : friche urbaine qui va être réaménagée.

Ces mesures écologiques sont des propositions d'aménagement paysager. Elles doivent être discutées avec les autres acteurs du projet afin de déterminer si elles sont envisageables et acceptables en regard des autres contraintes urbanistiques.

La force du Profil-Biodiversité réside dans la diversité et la complémentarité des indicateurs utilisés qui permettent de prendre en compte les facteurs qui impactent le plus la biodiversité, c'est-à-dire la fragmentation, la pollution et l'artificialisation. Il permet de fournir une vision globale des caractéristiques du site favorables ou défavorables à la biodiversité pour donner des pistes de réflexion rapides et générales. Néanmoins, il ne traduit pas la réalité du fonctionnement écologique du site. Il doit donc être utilisée en amont d'autres outils incluant des indicateurs de fonctionnement écologique pouvant confirmer les résultats pour compléter l'étude d'un site.

Ainsi, le Profil-Biodiversité est un outil utile pour une première approche de l'aménagement d'un site. C'est un outil d'aide à l'aménagement qui peut ouvrir le dialogue sur la biodiversité entre des non-spécialistes grâce à une approche simple et des résultats compréhensibles par tous.

2. BioDi(v)Strict

2.1. Présentation de l'outil

Alors que l'outil Profil-Biodiversité ne permet d'obtenir qu'un rapide aperçu des caractéristiques environnementales d'un site, nous avons souhaité développer un autre outil qui pourrait permettre d'être plus proche de l'état de la biodiversité et de la pertinence des réponses que l'on pourrait apporter. Comme nous l'avons vu précédemment (Henry et al., *under review*) les quatre principales mesures qui permettraient de promouvoir le fonctionnement écologique d'un site sont la complémentation d'habitats diversifiés, la connexion entre les réservoirs de biodiversité, une approche de la nature moins anthropocentrée ou une gestion adaptative des espaces verts. Nous avons donc souhaité que ce nouvel outil puisse prendre en compte ces éléments.

Nous nous sommes inspirés d'une méthodologie développée par Hermy et Cornelis (2000) qui avaient proposé un outil pour effectuer un suivi général de la biodiversité dans les parcs urbains et périurbains, en prenant en compte la complexité des habitats et des espèces. Cet outil est basé sur (1) la diversité des habitats et (2) la diversité des espèces. Il a pour vocation d'être aussi un outil d'aide à l'aménagement, rapide et peu coûteux à utiliser, mais pouvant mieux éclairer sur le fonctionnement écologique putatif du site.

2.1.1. Présentation de la diversité des habitats

Il existe une corrélation positive entre la diversité des habitats et la diversité spécifique (Tews *et al.*, 2004), ce qui montre l'intérêt de l'utilisation d'un indicateur sur les habitats dans la première partie de l'outil. Mais la définition des habitats nécessite souvent des investigations stationnelles longues et précises. Nous avons volontairement simplifié ces habitats en les assimilant à une série d'« éléments » mesurables sur le site. Pour cela, nous avons modifié la liste établie par Hermy et Cornelis (2000), avec 59 éléments classés dans 3 catégories (Annexe 1) :

- Eléments surfaciques : ce sont des éléments d'une surface supérieure à 100m² et dont le ratio longueur/largeur est supérieur à 10. Ces chiffres ont été choisis arbitrairement de façon à classer dans cette catégorie les éléments ayant une grande superficie. Ce sont par exemple les unités de végétation forestière, les bâtiments, les parkings, les vergers ou les prairies. Chaque élément sera représenté par sa superficie exprimée en mètres carrés.
- Eléments linéaires : ce sont des éléments dont le ratio longueur/largeur est inférieur à 10. Ce chiffre a été choisi arbitrairement de façon à classer dans cette catégorie les éléments de longueur importante mais de petite largeur. Ce sont par exemple les rangées d'arbres, les routes, les bords de routes ou les rivières ou les berges de rivières. Chaque élément sera représenté par sa longueur exprimée en mètres.
- Eléments ponctuels : ce sont les éléments dont la superficie est inférieure à 100m². Ce chiffre a été choisi arbitrairement de façon à classer dans cette catégorie les éléments ayant une petite superficie. Ce sont par exemple les arbres et arbustes isolés, les mares ou les fontaines. Chaque élément est caractérisé par sa quantité.

Une distinction entre les « éléments verts » et les « éléments gris » est également réalisée. Les « éléments gris » correspondent aux routes, chemins, parkings et bâtiments. Les « éléments verts » sont ce qu'on appelle communément les espaces verts comme les parcs, les forêts, les jardins, y compris les zones aquatiques telles que les rivières et les étangs (Annexe 1).

2.1.2. Présentation de la diversité des espèces

La seconde partie de cet indicateur est basée sur une mesure de la diversité spécifique. Un inventaire faunistique et floristique exhaustif n'est pas obligatoire dans notre méthodologie qui doit rester simple, rapide et peu coûteuse pour l'aménageur. La focalisation sur des groupes d'espèces indicatrices de l'état de l'écosystème nous est apparue être une démarche percutante dans ce contexte. La seule contrainte ici est de pouvoir obtenir facilement des données sur ces groupes spécifiques. Il faut que ces espèces soient facilement reconnaissables. Hermy et Cornelis (2000) ont choisi quatre groupes d'espèces : les plantes, les papillons, les amphibiens et les oiseaux nicheurs. En effet, l'intérêt porté sur ces espèces depuis longtemps par les scientifiques a permis d'accumuler des connaissances sur leur biologie et leur répartition, et ces informations ont pu être complétées grâce aux associations locales et aux sciences participatives. Depuis quelques années, plusieurs programmes ont été mis en place, en particulier Vigie-Nature (http://vigienature.mnhn.fr) au sein duquel nous pouvons trouver le suivi temporel des oiseaux communs (STOC), le suivi temporel des rhopalocères de France (STERF), le suivi photographique des insectes pollinisateurs (SPIPOLL), le suivi des populations d'amphibiens (POPAMPHIBIEN) et le projet Vigie-flore. Ces programmes reposent sur le volontariat de spécialistes et non-spécialistes pour permettre d'enrichir les bases de données et étudier l'évolution de différentes espèces ou groupes d'espèces ciblés. Dans cette méthodologie, pour considérer la diversité spécifique, nous allons donc nous focaliser sur quatre groupes indicateurs de la qualité de l'écosystème :

- Les plantes vasculaires : elles sont à la base de l'architecture d'un site. La présence d'espèces invasives ou d'espèces protégées, de même que d'autres espèces sensibles à des polluants de l'air ou des sols permet de faire un premier état de la qualité du milieu.
- Les papillons diurnes : ce sont des pollinisateurs importants, et sont au centre des réseaux trophiques. Leur présence est liée aux plantes nourricières pour leurs larves et nectarifères pour les imagos. Ce sont des indicateurs intéressants car ils ont un temps de génération et un cycle de vie plutôt courts et répondent rapidement aux changements environnementaux (Heikkinen, 2010). Certaines espèces sont étudiées pour évaluer l'état des forêts (comme le Tabac d'Espagne, *Argynnis paphia*), des zones humides (comme le Cuivré des marais, *Lycaena dispar*) et d'autres milieux. Ils sont indicateurs de la qualité des écosystèmes et des changements climatiques (Bergerot *et al.*, 2012).

- Les amphibiens : ils sont sensibles aux perturbations et aux modifications de l'environnement. Certaines espèces (comme la Grenouille verte, *Rana esculenta*) se reproduisent et se développent dans les mêmes sites, mais d'autres (comme la Grenouille rousse, *Rana temporaria*) ont une vie partiellement terrestre et doivent donc migrer pour rejoindre des sites aquatiques de ponte. Ce sont des indicateurs de la qualité des eaux, des pollutions, de l'eutrophisation des milieux lentiques, des variations climatiques et de la connectivité du paysage (Noos *et al.*, 1992).
- Les oiseaux nicheurs : ils sont souvent au sommet des réseaux trophiques, et leur présence est dépendante de plusieurs facteurs tels que la tranquillité du site, la structure et l'âge des arbres, le mode de gestion et l'hétérogénéité des habitats. Ce sont des indicateurs de l'évolution globale des espèces et des milieux et de la diversité des habitats.

2.2. Méthodologie

2.2.1. Diversité des habitats

Nous allons estimer la diversité des habitats et leur répartition sur la Cité Descartes. A partir d'une photographie satellite du site étudié obtenue sur Google Earth, les habitats surfaciques, linéaires et ponctuels (liste complète en annexe) sont cartographiés grâce à un SIG (Système d'Information Géographique). Pour cette étude, nous avons utilisé Quantum GIS (http://www.qgis.org), un logiciel libre et multiplateforme. Nous avons choisi cette méthodologie afin de réduire le coût d'utilisation de l'outil.

Nous avons calculé la surface (en mètres carrés) de chaque élément surfacique, la longueur (en mètres) de chaque élément linéaire et le nombre de chaque élément ponctuel.

La diversité des unités d'habitat est ensuite calculée en utilisant l'indice de diversité de Shannon-Wiener (H) (Shannon, 1948) :

$$H = \sum_{i=1}^{s} \frac{n_i}{N} \ln \frac{n_i}{N}$$

i : l'unité d'habitat i
s : le nombre d'unités d'habitat
n_i : la surface, longueur ou quantité de l'unité d'habitat i
N : la surface, longueur ou quantité totale sur le site

Cet indice permet d'exprimer la diversité en prenant en compte le nombre d'unités d'habitat et l'abondance des éléments au sein de chacune de ces unités d'habitat. Ainsi, un site dominé par une seule unité d'habitat aura un coefficient moindre qu'un site dont toutes les unités d'habitats sont codominantes. La valeur de l'indice varie de 0 (une seule unité d'habitat ou une unité d'habitat dominant très largement toutes les autres) à ln(s) (lorsque toutes les unités d'habitats ont la même abondance). Cet indice est intéressant car il permet de quantifier l'hétérogénéité des habitats.

Huit indices de diversité (H) sont calculés : (1) les éléments surfaciques totaux, (2) les éléments linéaires totaux, (3) les éléments ponctuels totaux, (4) les éléments totaux (5) les éléments surfaciques « verts », (6) les éléments linéaires « verts », (7) les éléments ponctuels « verts », et (8) les éléments « verts ».

L'indice de diversité d'un site ne peut pas être clairement interprété s'il n'est pas comparé à d'autres sites ou si des valeurs seuils n'ont pas été définies au préalable. Comme nous n'avons pas encore mesuré cet indice sur d'autres sites, nous avons choisi d'accompagner la valeur de H à un indice de saturation, ou indice d'équitabilité de Piélou, pour chacune des catégories étudiées (Piélou, 1966). Cet indice va nous aider à traduire la répartition des abondances des habitats sur le site (Peet, 1974). Il est utile pour comparer les dominances d'habitats entre sites. Nous ne l'appliquerons qu'à notre site dans un premier temps. Il faudrait bien entendu comparer sa valeur à d'autres sites lui aussi.

Cet indice de saturation sera présenté sous la forme d'un pourcentage et il permettra de déterminer dans un premier temps si le site est diversifié autant qu'il pourrait l'être, c'est-à-dire composé d'un maximum d'éléments d'habitats différents possibles. Pour cela, un indice de diversité maximum (H_{max}) est calculé pour chacune des 6 catégories. Il est calculé à partir de la liste des habitats potentiels (Annexe 1) :

$$H_{max} = \ln\frac{1}{S_{max}} = \ln S_{max}$$

S_{max} : nombre total d'unités d'habitats différents

Nous pouvons ensuite calculer l'indice de saturation (pourcentage) :

$$S = \frac{H}{H_{max}} \; 100$$

Pour les éléments « verts », nous calculerons un premier indice de saturation (S1) en utilisant la diversité maximum (H_{max}) des éléments verts afin d'estimer la saturation intrinsèque de ces éléments. Puis un second indice de saturation (S2) en utilisant la diversité maximum des éléments totaux pour estimer la saturation des éléments verts par rapport à la totalité des éléments du site.

Cet indice varie entre 0 (dominance d'une entité) à 100 (équirépartition des entités)

L'indice de saturation totale (S_t) :

$$S_t = \frac{S_{su}n_{su} + S_{li}n_{li} + S_{po}n_{po}}{n_t}$$

S_{su} : indice de saturation des éléments surfaciques
N_{su} : nombre d'éléments surfaciques
S_{li} : indice de saturation des éléments linéaires
n_{li} : nombre d'éléments linéaires
S_{po} : indice de saturation des éléments ponctuels
n_{po} : nombre d'éléments ponctuels
n_t : nombre total d'unités d'habitat

La prise en compte de l'indice de diversité (H) et de l'indice de saturation (S) est nécessaire pour apprécier l'état d'un milieu, en permettant de faire respectivement état de l'hétérogénéité des habitats et de leur équitabilité sur le site.

2.2.2. Diversité des groupes spécifiques

Concernant les inventaires faunistiques et floristiques, il existe plusieurs bases de données accessibles publiquement comme celles des conservatoires botaniques nationaux, l'inventaire national du patrimoine naturel (http://inpn.mnhn.fr) ou les données recueillies par des associations naturalistes locales.

- Plantes vasculaires

Nous avons utilisé la base de données présente sur le site du Conservatoire Botanique National du Bassin Parisien (http://cbnbp.mnhn.fr). La majeure partie de la Cité Descartes se trouvant sur la commune de Champs-sur-Marne, nous avons décidé de prendre les données de cette commune. A partir de cette liste d'espèces, nous considérerons la présence d'espèces protégées, d'espèces invasives et d'espèces indicatrices de la qualité du milieu.

- Papillons de jour, Amphibiens et Oiseaux nicheurs

Pour les groupes d'espèces animales, nous avons choisi d'utiliser les données issues d'un rapport réalisé par Ecosphère en 2010 à la demande du Syndicat d'Agglomération Nouvelle du Val Maubuée qui voulait une étude sur le patrimoine naturel de son territoire. L'étude a été effectuée à l'échelle du territoire des six communes composant le SAN du Val Maubuée : Champs-sur-Marne, Croissy-Beaubourg, Emerainville, Lognes, Noisiel et Torcy. La Cité Descartes se trouve dans ce territoire. Nous avons utilisé les données de cet inventaire. Les prospections faunistiques se sont déroulées entre juillet 2008 et mars 2009. Les données utilisées ne sont pas uniquement celles de la Cité Descartes, mais aussi celles du Val Maubuée.

Nous avons calculé 3 indices de saturation (papillons, amphibiens et oiseaux nicheurs). Il s'agit du nombre d'espèces réellement présentes sur le site par rapport au nombre d'espèces potentiellement présentes. Pour les espèces potentiellement présentes globalement sur le site, nous avons choisi de considérer les espèces présentes dans le département.

$$S = \frac{Nombre\ d'espèces\ observées\ sur\ le\ site}{Nombre\ d'espèces\ observées\ dans\ le\ département}\ 100$$

Nous avons utilisé le nombre d'espèces présentes dans le département de Seine-et-Marne : pour les amphibiens et les oiseaux, ces données seront issues du site de l'INPN ; pour les papillons, du site http://www.lepinet.fr.

2.3. Application à la Cité Descartes

2.3.1. Diversité des habitats de la Cité Descartes

Après avoir géoréférencé une photo satellite de la Cité Descartes (Figure 7) obtenue sur Google Earth, nous avons placé les éléments surfaciques (Figure 8), les éléments linéaires (Figure 9) et les éléments ponctuels (Figure 10).

Figure 7 - Photo satellite de la Cité Descartes (source : Google Earth)

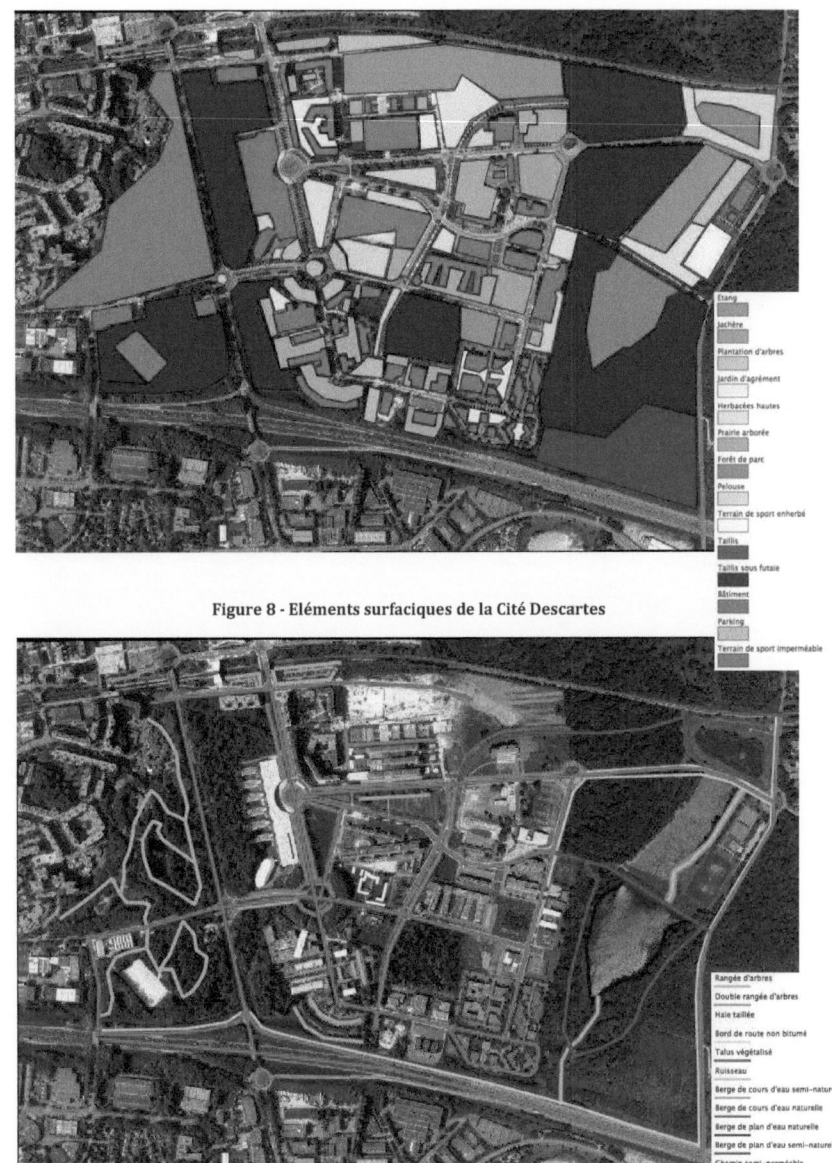

Figure 8 - Eléments surfaciques de la Cité Descartes

Figure 9 - Eléments linéaires de la Cité Descartes

Figure 10 - Eléments ponctuels de la Cité Descartes

Les éléments surfaciques, linéaires et ponctuels présents sur la Cité Descartes ont été listés (Tableau 2)

Tableau 2 - Eléments d'habitats de la Cité Descartes

Eléments surfaciques	Surface (m2)
Etang	46342
Jachère	89293
Plantation d'arbres	30303
Jardin d'agrément	19284
Herbacées hautes	39147
Prairie arborée	26400
Foret de parc	94392
Pelouse	51596
Terrain de sport enherbé	8661
Taillis	61234
Taillis sous futaie	358121
Bâtiment	150710
Parking	61035
Terrain de sport imperméable	13114

Eléments linéaires	Longueur (m)

Rangée d'arbres	1545
Double rangée d'arbres	3325
Haie taillée	489
Bord de route non bitumé	3449
Talus végétalisé	1123
Ruisseau	643
Berge de cours d'eau semi-naturelle	708
Berge de cours d'eau naturelle	594
Berge de plan d'eau semi-naturelle	625
Berge de plan d'eau naturelle	645
Chemin semi perméable	2329
Chemin	2504
Routes	11508

Eléments ponctuels	Quantité
Mares	8
Arbres isolés	6

Grâce à ces données nous avons calculé les indicateurs suivants (Tableau 3) :

Tableau 3 - Indicateurs de diversité des habitats de la Cité Descartes

	Nombre de catégories	Diversité des habitats (H)	Indice de saturation 1 (S1)	Indice de saturation 2 (S2)
Eléments surfaciques (max=34)	14	2,17	61,5%	
Eléments linéaires (max=20)	13	2,04	68,1%	
Eléments ponctuels (max=5)	2	0,68	42,3%	
Total (max=59)	29	2,01	63,1%	
Eléments surfaciques verts (max=30)	11	1,89	55,6%	53,6%
Eléments linéaires verts (max=14)	10	2,02	76,5%	67,4%
Eléments ponctuels verts (max=3)	2	0,68	61,9%	42,3%
Total (max=47)	23	1,84	65,2%	51,7%

Sur les 59 éléments d'habitat possibles (Annexe 1), nous en avons recensé 29. En prenant en compte les proportions de chaque type d'élément, nous avons calculé un indice de diversité de 2,01. Les éléments linéaires et surfaciques ont des indices de saturation de 68,1% et 61,5%, tandis que l'indice de saturation des éléments ponctuels est de 42,3%.

Concernant les habitats verts, c'est-à-dire naturels et semi-naturels, nous en avons recensé 23 sur 45 possibles. L'indice de diversité est de 1,84. En comparant à la diversité maximale des éléments verts, les indices de saturation (S1) des éléments verts ponctuels et linéaires sont de 61,9% et 76,5%, alors que les éléments surfaciques verts ont un indice de saturation de 56%. En comparant à la diversité maximale totale, les indices de saturation (S2) des éléments verts surfaciques, linéaires et ponctuels sont de 53,6%, 67,4% et 42,3%.

2.3.2. Diversité des espèces de la Cité Descartes

- **Plantes**

Sur le territoire de la commune de Champs-sur-Marne, 216 espèces ont été observées. On retrouve parmi celles-ci 5 espèces protégées :

- o Cardamine impatiente (*Cardamine impatiens* L.)
- o Hellébore vert (*Helleborus viridis* L.)
- o Polystic à aiguillons (*Polystichum aculeatum* (L.) Roth)
- o Epipactis à larges feuilles (*Epipactis helleborine* (L.) Crantz)
- o Listère ovale (*Listera ovata* (L.) R.Br.)

Six espèces invasives ont également été observées :

- o Aster à feuilles lancéolées (*Aster lanceolatus* (Willd.) G.L.Nesom)
- o Arbre aux papillons (*Buddleja davidii* Franch.)
- o Balsamine à petites fleurs (*Impatiens parviflora* DC.)
- o Robinier faux-acacia (*Robinia pseudoacacia* L.)
- o Séneçon du Cap (*Senecio inaequidens* DC.)
- o Solidage du Canada (*Solidago canadensis* L.)

A partir de la liste que nous avons utilisée (http://cbnbp.mnhn.fr), nous pouvons noter la présence d'espèces indicatrices de sols hydromorphes, comme cinq espèces de joncs (*Juncus bufonius, J. conglomeratus, J. effusus, J. inflexus* et *J. tenuis*), une espèce de roseau (*Calamgrostis epigejos*) et deux espèces de massettes (*Typha angustifolia* et *T. latifolia*), ainsi que la présence de la Houlque laineuse (*Holcus lanatus*) indicatrice des prairies de fauche.

- **Papillons diurnes, Amphibiens et Oiseaux nicheurs**

Dans le Val Maubuée, 41 espèces de Papillons diurnes ont été recensées (Annexe 2) sur 117 espèces présentes dans le Val-de-Marne (77), soit un indice de saturation de 35% (Tableau 4). Parmi elles, 7 sont déterminantes ZNIEFF, dont 2 sont protégées au niveau régional : le Grand sylvain (*Limenitis populi* L.) et la Grande tortue (*Nymphalis polychloros* L.)

Douze espèces d'amphibiens ont été recensées sur le territoire (Annexe 3) sur 18 espèces possibles dans le département, soit un indice de saturation de 72% (Tableau 4). Parmi elles, 11 sont protégées, dont une, le Triton crêté (*Triton cristatus* Laurenti), est inscrite à l'annexe II de la directive « Habitats » et deux sont déterminantes ZNIEFF, la Rainette verte (*Hyla arborea* L .) et le Crapaud calamite (*Epidalea calamita* Laurenti).

Parmi les 248 espèces d'oiseaux nicheurs recensées dans le Val-de-Marne, 96 ont été observées sur le territoire étudié (Annexe 4), soit un indice de saturation de 39% (Tableau 4). Parmi ces espèces, 18 sont déterminantes ZNIEFF en Ile-de-France et/ou inscrites à l'annexe I de la directive « Oiseaux ».

Tableau 4 - Indicateurs de diversité des espèces faunistiques sur la Cité Descartes

Groupe d'espèces	Nombre d'espèces dans le département	Nombre d'espèces observées localement	Indice de saturation
Papillons diurnes	117	41	35,0%
Amphibiens	18	13	72,2%
Oiseaux nicheurs	248	96	38,7%

2.4. Discussion - Conclusion

2.4.1. Bilan sur la Cité Descartes

- **Etat actuel**

En prenant en compte le nombre total de types d'éléments et leurs proportions respectives (surface, longueur ou nombre), l'indice de diversité globale du site (2,01) est supérieur à l'indice de diversité des espaces verts (1,84). Cet indice de biodiversité trouve une réelle utilité pour comparer plusieurs sites entre eux. Ici, comme nous n'avons analysé qu'un site, nous ne pourrons pas en tirer de conclusions significatives. La saturation globale (63,1%) montre que les éléments du site (« verts » ou « gris ») ont une représentativité assez bonne mais perfectible. Si l'on se focalise sur la diversité des éléments « verts », nous avons recensé 23 types d'éléments sur les 47 possibles. Ainsi, l'indice de saturation intrinsèque des habitats verts (S1) est de 65,2%. Nous pourrions penser que la représentativité des espaces verts est plutôt satisfaisante. Pourtant lorsqu'on la compare par rapport aux éléments totaux du site, nous trouvons une saturation de 51,7%, c'est-à-dire une valeur plutôt moyenne. Plus spécifiquement, les éléments linéaires « verts » ont un taux saturation assez satisfaisant (67,4%) tandis que les éléments surfaciques « verts » ont un taux moyen (53,6%) et les éléments ponctuels « verts » ont un taux plus faible (42,3%).

Face à ces résultats, nous pouvons juste dire que les éléments d'habitats gris, c'est-à-dire les surfaces construites imperméables qui ne participent pas au fonctionnement de l'écosystème, représentent une part importante dans la diversité des habitats du site.

Parallèlement, si l'on choisit de fixer à 50% le seuil moyen de l'indice de saturation des espèces animales, l'indice de saturation des amphibiens (72,2%) montre que la qualité des sites aquatiques est plutôt bonne (Tableau 4). Cependant, les indices de saturation plutôt faibles des papillons diurnes (35%) et des oiseaux nicheurs (38,7%) (Tableau 4) indiquent un potentiel dysfonctionnement de l'écosystème dû à trois raisons principales. (1) Au vu des résultats de la diversité des habitats, nous pouvons dire que les saturations plutôt mauvaises des oiseaux et des papillons peuvent être dues à la fois à la trop faible diversité des espaces verts composant le site, ainsi qu'un représentativité très moyenne de chacun des ces espaces. (2) Les mauvais résultats du nombre de papillons et d'oiseaux pourraient probablement être aussi dus à une fragmentation excessive du site, à la fois par les infrastructures de transport et par les bâtiments. (3) La gestion environnementale du site est sûrement intensive, c'est-à-dire que les espaces verts sont fauchés trop souvent et ne permettent pas aux espèces végétales de terminer leur cycle de vie (floraison et production de graines) impactant ainsi les pollinisateurs tels que les papillons.

Pour la diversité des plantes, nous ne disposions pas d'un inventaire plus exhaustif défini selon le protocole défini par Hermy et Cornelis (2000). Nous n'avons donc pas pu calculer l'indice de diversité végétale. Nous avons donc choisi de nous intéresser à des espèces indicatrices, notamment en lien avec leurs particularités (Godefroid & Koedam, 2003). Certaines espèces de plantes peuvent être caractéristiques d'un type de sol ou d'exploitation (sols hydromorphes ou prairies de fauche). Nous nous sommes également intéressés aux espèces invasives et aux espèces protégées.

Une espèce invasive aura un impact différent selon l'environnement où elle se développe. Elle peut occuper une niche écologique différente de celles des espèces locales et ainsi coexister avec peu d'interactions mais néanmoins elle peut avoir un impact considérable. Elle peut à l'inverse occuper une même niche écologique et sera dominée ou dominante (MacDougall, 2009). Une espèce invasive sera indicatrice d'un écosystème potentiellement perturbé. Elle va s'installer sur des milieux naturels dégradés par les activités humaines. C'est souvent parce que le milieu a été altéré (destruction de ripisylves, pollution des eaux,...) qu'elle prolifère. La présence de quelques espèces invasives sur notre site d'étude reflète cette altération. L'évolution de ces populations devra être suivie pour estimer si elles présentent un danger pour l'écosystème et s'il est nécessaire de prendre des mesures de gestion particulières, comme leur élimination par différents moyens.

A l'inverse, la présence d'espèces protégées va contraindre d'un point de vue réglementaire les aménageurs à conserver le site ou une partie du site en l'état. Cependant, cette présence montre que l'écosystème a une valeur patrimoniale importante, mais qu'il faudra prendre des mesures en lien avec la réglementation afin de conserver ces populations (Article L411-1 du Code de l'environnement). Depuis peu, l'article 47 de la loi Grenelle 2 (29 juin 2010) permet de punir les tentatives d'atteinte à une espèce protégée.

- **Etat potentiel**

L'état actuel du site est plutôt mauvais du point de la diversité des habitats et des espèces. De plus, dans le projet d'aménagement de la Cité Descartes proposé par les Ateliers Lion, ces derniers visent à construire de nouveaux bâtiments sur des emplacements intéressants pour la biodiversité (comme le Bois de la Butte Verte et le Bois de Grâce). Ainsi, l'état du site pourrait encore plus être dégradé. Face à ce constat, des propositions d'aménagement peuvent émerger afin d'en améliorer la biodiversité du quartier. Compte tenu des caractéristiques biotiques et abiotiques du site, nous pouvons proposer des modifications de l'aménagement urbain et de sa gestion afin de tendre vers un état idéal putatif.

L'indice de diversité des habitats prend en compte à la fois le nombre de types d'éléments, mais aussi leur proportion. Ainsi, pour optimiser cet indice, la création de nouveaux espaces sur le site, tels qu'un verger, un arboretum, un jardin partagé et des toits végétalisés serait à envisager potentiellement.

Des mesures de gestions différenciées peuvent aussi être appliquées, ayant pour but de faire du quartier ou de la commune, un milieu favorable à la biodiversité et d'orienter les pratiques vers un respect et une préservation des milieux naturels. En plus d'assurer la mise en sécurité et l'esthétisme du site, la gestion différenciée permet d'utiliser des techniques alternatives non polluantes et non dangereuses pour la santé. Parmi ces techniques, nous pouvons en citer quelques unes comme le désherbage mécanique ou thermique ; la mise en pâturage des grandes surfaces enherbées par des bovins, équins, caprins ou ovins ; adapter les périodes d'entretien en fonction de la faune et la flore présente et laisser des zones refuges. Ces différentes techniques ont pour but de raisonner la gestion environnementale du site, de restaurer, préserver et gérer la biodiversité, et d'améliorer la qualité de vie et l'usage du site en diversifiant les qualités paysagères. Les aménageurs peuvent trouver de nombreux conseils dans le Guide de gestion différenciée à l'usage des collectivités réalisé en 2009 par Natureparif et l'Association des Naturalistes de la vallée du Loing et du massif de Fontainebleau (ANVL).

Pour pallier le manque de connectivité au sein du quartier, l'installation de toits et façades végétalisés sur les bâtiments existants peut être une solution. La présence de toits végétalisés diversifiés, en complément des espaces verts déjà présents, pourrait renforcer la trame verte et bleue locale (Henry & Frascaria-Lacoste, 2012a). La mise en place de toits verts intensifs (Figure 11) plantés avec des espèces végétales locales pourrait permettre d'améliorer le fonctionnement écologique du site, en particulier en réduisant sa fragmentation. Nous avons calculé le gain potentiel d'une telle action (Tableau 5). L'indice de diversité des éléments verts passerait de 1,84 à 1,91 et l'indice de saturation (S2) de 51,7% à 55,4%. Cette évolution montre qu'une augmentation intéressante de ces indices est possible en modifiant un seul type d'élément. Cela laisse penser que le potentiel d'amélioration du site peut aussi être significatif.

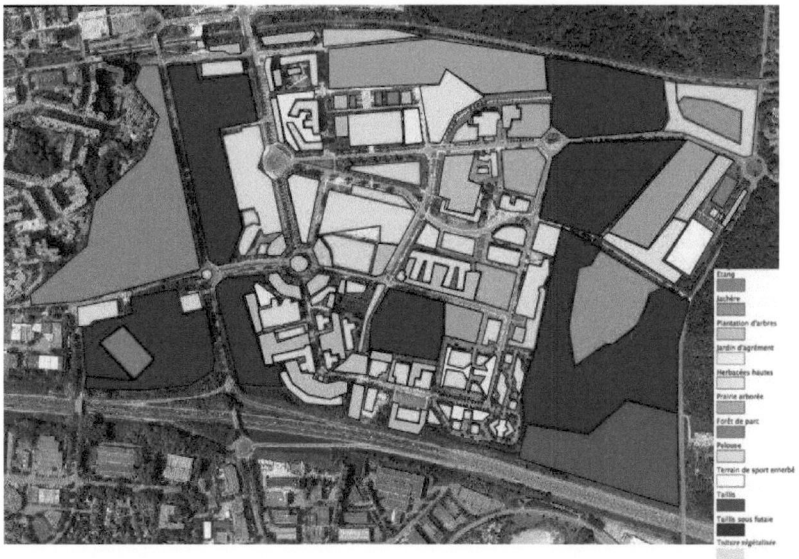

Figure 11 - Cité Descartes avec des toits végétalisés sur tous les bâtiments

Tableau 5 - indicateurs de diversité des habitats de la Cité Descartes avec l'installation de toits végétalisés sur tout les bâtiments

	Nombre de catégories	Diversité des habitats (H)	Indice de saturation 1	Indice de saturation 2
Eléments surfaciques (max=34)	14	2,17	61,5%	
Eléments linéaires (max=20)	13	2,04	68,1%	
Eléments ponctuels (max=5)	2	0,68	42,3%	
Total (max=59)	29	2,01	63,1%	
Eléments surfaciques verts (max=30)	12	2,01	59,7%	57,6%
Eléments linéaires verts (max=14)	10	2,02	76,5%	67,4%
Eléments ponctuels verts (max=3)	2	0,68	61,9%	42,3%
Total (max=47)	24	1,91	66,9%	55,4%

2.4.2. Discussion de l'outil

L'idée générale de développer un nouvel outil était de fournir aux professionnels de la construction une méthodologie simple, rapide, peu coûteuse et incitative pour faire un premier état de la biodiversité d'un site et de son fonctionnement et d'être moteur sur les questions de nature en ville souvent oubliées. Nous avons proposé d'utiliser des espèces bio-indicatrices, dont la biologie et la diversité sont bien connues et dont les données sont facilement disponibles. Il existe bien entendu d'autres bio-indicateurs, mais nous avons choisi de limiter leur nombre dans cet outil afin de conserver une simplicité d'utilisation car son but premier est d'être un outil d'aide à la décision pour l'aménageur, il n'était donc pas question d'exhaustivité dans un premier temps. La liste des éléments surfaciques, linéaires et ponctuels pourra être complétée au fur et à mesure des prochaines applications dans d'autres régions géographiques où les formations végétales pourraient être différentes.

En intégrant ces éléments, notre outil permet de faire état de quatre principales mesures qui favoriseraient un meilleur fonctionnement écologique d'un site (Henry et al., under review) : (1) la complémentation des habitats estimée par les indices de diversité des habitats du site qui dépendent du nombre de types d'habitats et de leurs proportions ; (2) la connexion entre les réservoirs de biodiversité peut être prise en compte par les indices de saturation des espèces animales bio-indicatrices ; (3) une approche de la nature moins anthropocentrée représentée par la diversité et l'hétérogénéité des habitats choisis dans un souci de représentativité en tant que telle et non pas dans un choix uniquement lié au bien-être humain (greenwashing non raisonné) ; et (4) une gestion adaptative des espaces verts peut être prise en compte par un large choix des habitats potentiels définis parfois en fonction de leur mode de gestion (voir Annexe 1 pour ces modes) et par la présence d'espèces menacées ou invasives qui contraindront les pratiques des gestionnaires. Il ne s'agit pas seulement d'un outil permettant une estimation de la biodiversité, mais c'est également un outil pédagogique qui permet aux urbanistes de comprendre ce qu'est un fonctionnement écologique dans un souci d'aménagement du territoire.

Une des limites de l'outil réside dans la classification des éléments d'habitat. Nous pourrions approfondir la distinction entre « éléments gris » et « éléments verts ». En effet au sein des éléments que nous avons listé comme « verts », tous n'ont pas le même potentiel et le même rôle dans le fonctionnement de l'écosystème. Une pelouse souvent fauchée ne doit pas être considérée de la même manière qu'un jardin potager ou qu'une forêt mixte. Les résultats de la diversité et de la saturation des habitats doivent donc être interprétés avec précaution. La validité de l'outil doit être faite en comparant de nombreux sites pour le calibrer.

La classification de l'état écologique à partir de la diversité des habitats et le choix du seuil de saturation acceptable pour les espèces animales sont des questions cruciales pour une bonne utilisation de l'outil. En effet, pour comparer la diversité d'un site à celle d'une zone géographique plus vaste, on aurait pu choisir d'autres échelles que celle du département, comme celle de la communauté de communes ou celle de la région. Le département nous a paru la meilleure alternative du fait que son territoire reste dans des proportions raisonnables au vu de la surface d'un quartier ou d'une ville. Un biais peut néanmoins apparaître dans les départements composés d'écosystèmes très diversifiés, tel que les Alpes Maritimes (06) dont la topographie est très contrastée du bord de mer jusqu'aux hautes altitudes des

Alpes (plus de 3000 mètres). Dans ce type de département on s'attend à trouver une diversité spécifique très élevée et, de ce fait, le niveau moyen des indices de saturation fixé à 50% devient inadapté. C'est pourquoi nous devrons calibrer les calculs de saturation, soit en prenant en compte ces grandes diversités spécifiques, soit en changeant d'échelle, soit en modifiant le seuil d'acceptabilité de la saturation.

La diversité végétale est un élément qui n'a pas été assez exploité dans notre méthodologie. Il serait intéressant d'utiliser les propriétés de certaines espèces indicatrices, comme leur intolérance à des types de pollutions, afin de mieux estimer la qualité du site.

La rapidité d'utilisation de cet outil réside dans la simplicité des indicateurs utilisés. La cartographie du site peut être réalisée à partir de photos disponibles sur Internet et en utilisant un logiciel de SIG gratuit. Pour les inventaires faunistiques et floristiques, des bases de données disponibles sur Internet pourront être utilisées. Mais ces bases de données sont encore incomplètes selon les zones géographiques, du fait de la récente mise en place des sciences participatives et de l'hétérogénéité du nombre d'observateurs selon les régions. Plus il y a d'observateurs, donc d'observations, plus on se rapproche de l'exhaustivité. Dans le cas où les données manquent, un inventaire devra être réalisé par un écologue. Etant donné les groupes spécifiques étudiés, le temps consacré à cet inventaire pourra être assez court.

L'outil que nous avons développé pourra être utilisé au début d'un projet, en tant qu'outil d'aide à la décision pour l'aménagement, pour faire un état des lieux du site, afin de déterminer si celui-ci est suffisamment diversifié en termes d'habitats et d'espèces, et dans le cas contraire des pistes d'aménagement pourront être données comme éléments conducteurs du projet. L'outil pourra aussi être utilisé comme outil de suivi de la biodiversité pendant les phases de chantiers et au cours de l'exploitation du quartier afin de contrôler l'efficacité des aménagements et l'évolution de la présence des espèces indicatrices. Les habitants du quartier pourront participer au suivi des groupes spécifiques dans une démarche de sciences participatives. Des modes de gestion pourront être modifiés si les indicateurs montrent que le niveau de biodiversité est toujours trop faible.

Une prise en compte plus précise de la fragmentation du site pourrait être effectuée grâce au SIG, afin de mieux estimer le niveau du site. Enfin, une grille de lecture croisée des résultats entre les habitats et les espèces devra être réalisée afin de simplifier son utilisation et de permettre de mieux en tirer les conclusions.

Conclusion

Pour prendre en compte la biodiversité dans les aménagements urbains, les gestionnaires, tels que les architectes et les urbanistes, manquent à la fois d'une sensibilisation à la biodiversité urbaine mais aussi d'outils adéquats. Nous avons présenté dans une première partie l'outil Profil-Biodiversité développé par Frank Derrien. Son avantage est d'être composé d'indicateurs assez variés, basés sur les principales menaces pour la biodiversité. Mais la grille de notation des indicateurs est assez arbitraire et l'outil ne fait que très indirectement et sommairement état du fonctionnement de l'écosystème et les mesures restent en partie subjectives. Nous avons donc développé un nouvel outil, BioDi(v)Strict, basé sur la mesure de la diversité des habitats en lien avec quatre groupes d'espèces indicatrices. Il permet d'avoir une première idée de l'état de l'écosystème, notamment en prenant en compte l'hétérogénéité des habitats et leur représentativité sur un site en lien avec des indicateurs faune/flore. Cet outil a été conçu pour être rapide et simple à utiliser par un non-spécialiste et peu coûteux. C'est une première approche qui permet de faire un bilan rapide de la biodiversité d'un site et d'en faire son suivi. Il s'agit donc d'un outil diagnostic important pour l'aménageur qui n'intègre pas encore assez la biodiversité dans son cahier des charges.

L'application de ces deux outils sur la Cité Descartes nous a permis de montrer que l'état écologique actuel du site est plutôt moyen. Bien que le projet des Ateliers Lion soit qualifié de futur « éco-quartier », les perspectives proposées ne vont pas dans le sens d'une amélioration de la prise en compte de la biodiversité et risquent de dégrader encore plus la qualité du site. Ce nouvel exemple confirme bien nos conclusions sur les éco-quartiers, réalisées dans la première partie de la thèse, où la prise en compte de la biodiversité dans les éco-quartiers est de l'ordre de l'esthétique et peu traduite en terme de fonctionnalité et de durabilité.

Chapitre 2
Outil d'aide à la concertation

2.1. NewDistrict: A participatory agent-based simulation for increasing awareness of peri-urbanization and its consequences for biodiversity

L'article est en préparation pour *Ecological Modelling.*

NewDistrict: A participatory agent-based simulation for increasing awareness of peri-urbanization and its consequences for biodiversity

Alexandre Henry[a,*], Nicolas Becu[b] and Nathalie Frascaria-Lacoste[a]

[a]AgroParisTech. Laboratoire Ecologie Systématique Evolution, UMR CNRS 8079, Université Paris-Sud, Bâtiment 360, 91400 Orsay, France
[b]Centre National de la Recherche Scientifique, UMR 8586 Pôle de Recherche pour l'Organisation et la Diffusion de l'Information Géographique, 2 rue Valette, 75005 Paris, France
*Corresponding author. Tel.: +33 1 69 15 77 20, Fax: +33 1 69 15 46 97, E-mail address: alexandre.henry.fr@gmail.com

Abstract

Urban sprawl and the construction of new urban developments contribute to the destruction of natural and semi-natural areas on the urban periphery. The changes in biodiversity that this results in impact upon the functioning of the ecosystem and the services that it provides; this is particularly important because there are numerous such services provided close to urban areas and they are essential for human beings. The issue of biodiversity has recently started to receive attention from urban planners and architects. Therefore, to ensure that planned measures to preserve biodiversity-related functions are successful, it is necessary for all stakeholders in a particular region to be aware of each other's activities and to accept the involvement and importance of individuals from different professions in such measures. A tool that may be useful in this regard is participatory agent-based simulation. We created a computer-based multi-agent model of a cooperative process based on a set of stakeholder roles (mayor, property developer, forester, farmer and ecologist). This multi-agent system models problems associated with urban sprawl and its environmental impact, in terms of both the environmental and the economic sustainability of the ecosystem. According to this preliminary study, our model fulfils the requirements that we set at the beginning of its development, namely, to highlight the importance of dialogue among stakeholders in order for a collective awareness about sustainable development in peri-urban areas to emerge.

Keywords: multi-agent system; cooperative process; biodiversity; peri-urbanization; urban planning

1. Introduction

The global urban population is growing (UNFPA, 2007). This change is due not only to demographic factors, but also to the desire of people to live in cities. By 2050, more than 6 billon people, or 70% of the projected global population, are expected to live in urban areas (UNFPA, 2007). As such, two options are available for cities: densification or sprawl. There are many restraints that limit the possibility of increasing the density of housing within cities, so there is a tendency to favour the second option. Moreover, many economic and political actors can profit from this peri-urbanization; these include developers and the construction industry, real estate investors, large retailers, the automobile industry and elected representatives. In fact, it has been asserted that peri-urbanization is central to economic growth (Djellouli *et al.*, 2010).

Unfortunately, the process of peri-urbanization is not necessarily well controlled, and new urban developments often contribute to urban sprawl, which is synonymous with the destruction of natural and semi-natural areas on the urban periphery. This destruction can have negative environmental and economic consequences. A major study has shown that urban sprawl can significantly inhibit sustainable development (EEA, 2006).

Peri-urbanization results in the destruction, fragmentation and pollution of habitats. These are the three main processes that cause a decline in biodiversity in the areas around cities. They can be associated with changes of the disturbance regime, of the dynamics of native populations, of nutrient cycling and of the local micro-climate (Williams *et al.*, 2009).

The resulting changes of biodiversity impact upon the functioning of the ecosystem and the services that it provides. This is particularly important because there are numerous such services provided close to urban areas that are essential for human beings. These services include the purification of water and air, pollination for the production of fruit and vegetables, buffering to reduce noise pollution, rainwater drainage, and the provision of recreational and cultural resources. These services contribute to health, safety and human wellbeing (MEA, 2005).

The environmental, economic and social costs of urban sprawl are high but not very visible in the short term, while the direct and indirect profits are immediate and substantial. The fact that awareness of the issue of biodiversity remains insufficient is one of the factors enabling the perpetuation of this situation of short-term gain and long-term loss, but urban planners are beginning to consider it in their practices (Henry *et al.*, under review).

In this paper, we present (1) the current level of consideration of biodiversity by urban planners in their development projects, (2) the need for consultation with multi-agent systems as an appropriate practice to manage natural resources and, finally, (3) a computer-based model that we developed to initiate dialogue between stakeholders in local situation and to increase awareness about biodiversity in peri-urban areas.

2. Consideration of biodiversity in urban development projects and the need for new tools

The greening of cities has been actively pursued throughout their history, with the creation of public parks, gardens and squares. However, the issue of biodiversity has only recently started to receive attention from urban planners and architects. This consideration of biodiversity has to some extent arisen from the requests of scientists and naturalist organizations to preserve ecosystem functioning and services.

A recent study of eco-districts, which are a feature of urban planning designed to promote the sustainability of cities, has shown that their designers appeared to focus primarily on environmental benefits, in terms of energy, transport, waste and water, but rarely on biodiversity conservation (Henry *et al.*, under review). The few real integrative measures to maintain or develop urban biodiversity that were identified in this study were as follows: (1) the preservation of existing natural features, (2) an increase in the size of green areas, (3) the choice of native plant species for cultivation, (4) the consolidation or creation of ecological corridors and (5) campaigns to increase the awareness of local residents about the importance of preserving biodiversity. Although these recommendations are praiseworthy goals, they are insufficient to resolve current deficiencies regarding urban biodiversity.

This failure to consider biodiversity sufficiently is mainly due to the fact that stakeholders lack information and tools to characterize the current status of biodiversity and the services it provides in a particular area (Henry & Frascaria-Lacoste, under review); it also arises from conflicts between different actors in areas affected by development projects. Thus, new methods of environmental planning are needed to improve the understanding of biodiversity among the different stakeholders, such as urban planners, architects and politicians. These methods must also enable quick responses when a site is taken over for development.

The development of tools that enable biodiversity to be taken into account is not the only step required to integrate the issue of biodiversity into urban planning. To ensure the implementation of actions to maintain biodiversity functions, it is necessary for all actors in the affected area to be aware of each other's activities and to accept the involvement and importance of individuals from different professions when a site is taken over for development. A tool that may be useful in this regard is participatory agent-based simulation.

3. Multi-agent system: a tool to promote dialogue

Agent-based modelling is a means to explore, explain and assess the complex interactions between ecosystems and human actions (Le Page *et al.*, 2012). A multi-agent system is a computer-based model (that includes social, biological and physical factors) that represents a socio-ecosystem as a set of interacting entities located within an environment (Le Page *et al.*, 2012).

Indeed, the use of this type of modelling in combination with role-playing is becoming increasingly common as a support tool for discussion and consultation among stakeholders who are involved in management issues regarding common resources. Multi-agent simulation tools are particularly suited to the study of the dynamic interactions between resources and societies (Holling, 1978; Bousquet *et al.*, 1999). In these models, spaces can be virtual, but the natural dynamics and management rules are based on field data (Becu *et al.*, 2008).

This modelling approach is more beneficial for cooperating than classical participatory approaches or methods using consultation, which bring together different actors in a conflict or when a significant decision must be made, in that it enables them to discuss and reach an agreement while being attentive to the needs and desires of other actors. Indeed, these multi-agent models and associated role-playing can be used in three different ways. They can be (1) pedagogical support in order to raise awareness of the interactions between actors and resources, (2) a mediating tool between the different actors in a certain area or (3) a tool for decision support to implement a concerted plan of management (Etienne, 2006).

Rather than pursuing concrete solutions in a particular case, we chose this approach with the aims of enabling a collective awareness to emerge and of helping to initiate unbiased dialogue between actors whose goals and concerns do not at first glance appear to be convergent.

To do this, we created a cooperative process based on a multi-agent model with a set of stakeholder roles. This multi-agent system models the problem of urban sprawl and its impact on both the environmental and the economic sustainability of an ecosystem. The role-playing that complements this model was developed in order to raise the awareness of the different actors associated with peri-rbanization of the environmental problems that their activities can cause.

We used CORMAS (Bousquet *et al.*, 1998), a software program for multi-agent simulation that is specialized for the field of renewable natural resource management, developed by the Green team of CIRAD (International Cooperative Center for Agricultural Research and Development), whose objective is to provide knowledge, methods and tools to support collective management processes of renewable resources. Specifically, it is a tool used to represent the interactions between actors in relation to renewable natural resources. CORMAS is a simulation platform based on the VisualWorks programming environment that allows the development of applications by using the programming language Smalltalk.

4. A new model: NewDistrict

We wanted to locate our model in a peri-urban area because the challenges for sustainable development in such areas are particularly important, especially for ecosystem functioning (Vimal *et al.*, 2012). In development programs in peri-urban areas, local officials have a strong role to play, particularly for authorizing requests for building permits. Construction in these areas is often carried out by property developers, who have to acquire land, service it and construct buildings. In peri-urban areas, such land is often owned by farmers or foresters. As such, the developer must discuss the cost of the land with the landowners, among other factors.

Furthermore, in this type of development project, the environment is impacted, particularly water and biodiversity. As such, conservation groups often become involved and oppose or attempt to modify various elements of the project. A good example of such a case, described by Sweeney *et al.*, relates to the City of New York and its water supply. In this case, it was asserted that the presence of forests in the

Croton watershed, to the east of the Hudson River, which had been planned to be cleared to make way for housing developments, maintained a water supply of high quality to the whole city. It has been shown that the protection of these forests was a less expensive alternative to building new water treatment facilities (Sweeney *et al.*, 2006).

Concerning water, we chose to model the quality of groundwater since it is strongly influenced by the land use and is vital for human wellbeing as a source of drinking water. Concerning biodiversity, we chose to model the presence of birds and insects because of their important roles in ecosystem functioning. Birds are important for their role in the regulation of pests and seed dispersal, while insects act as pollinators, which is critical to food production.

We decided to integrate six stakeholder roles into our model: a mayor, a property developer, a forester, two farmers and an ecologist. The property developer buys land (forest or fields) on which to construct buildings. The farmers cultivate their fields to produce food and earn a living. The forester manages the forest and chops down trees to earn a living. The activities of these actors have an impact on the quality of the groundwater and biodiversity (population dynamics of insects and birds). The mayor oversees the development of the city by allowing or blocking construction. Finally, the ecologist advises or alerts the actors if their choices of development could have negative consequences for the environment. Many scenarios involving the interplay between these stakeholders are possible, depending on the choice of each actor, and the subsequent consequences regarding economic and ecology are numerous.

Various scenarios were tested: the first focused on financial issues, the second on ecological issues, and the third on a compromise between economics and ecology. We repeated these scenarios only five times to see the first outputs. It soon became apparent that some ecological and economic imbalances developed when the actors did not consult each other. Indeed, players quit the game due to either a deficit or a lack of discussion. From this preliminary analysis, our model fulfils the requirements that we set at the beginning of its development, namely, to highlight the importance of dialogue among stakeholders in order for a collective awareness about sustainable development in peri-urban areas to emerge.

5. Conclusion

Biodiversity is important for cities, but urban sprawl is increasingly negatively impacting upon it by destroying, fragmenting and polluting habitats in peri-urban areas. The consequences of this are ecological, economic and social. The stakeholders in these peri-urban areas often lack information and tools to consider the importance of biodiversity for sustainability and human well-being appropriately and accurately. Conflicts between local actors who are affected by development projects are a major obstacle to the sustainability of cities. We wanted to establish a cooperative process by developing a multi-agent system and role-playing with the objective of enabling collective awareness about sustainable development and biodiversity functions to emerge, and to initiate dialogue between the different actors. This methodology should be tested in real situations to realize its potential.

Acknowledgements

The authors would like to thank the ParisTech Chair in "Eco-design of buildings and infrastructure" (www.chaire-eco-conception.org), which funds the doctoral research of Alexandre Henry. They also thank the trainers of the Summer School "Agent-Based Modelling Simulation" of Montpellier.

References

Becu N, Neef A, Schreinemachers P, Sangkapitux C. Participatory computer simulation to support collective decision-making: Potential and limits of stakeholder involvement. Land Use Policy 2008;25:498-509.

Bousquet F, Bakam I, Proton H, Le Page C. Cormas: common-pool resources and multi-agent systems. Lect Notes Artif Int 1998;1416:826-837.

Bousquet F, Barreteau O, Le Page C, Mullon C, Weber J. An environmental modelling approach. The use of multi-agent simulations. In: Blasco, F., Weill, A. (Eds.), Advances in Environmental and Ecological Modelling. Elsevier, Amsterdam;1999. p. 113-122.

Djellouli Y, Emelianoff C, Bennasr A, Chevalier J (dir). L'étalement urbain : un processus incontrôlable ? Presses Universitaires de Rennes, Collection Espaces et Territoires. 2010; 258 p.

EEA (European Eenvironment Agency). Urban sprawl in Europe. The Ignored challenge. Copenhagen, European Commission; 2006.

Etienne M. La modélisation d'accompagnement : un outil de dialogue et de concertation dans les réserves de biosphère. Dans Bouamrane, M. (ed.). Biodiversité et acteurs : des itinéraires de concertation. Réserves de biosphère - Notes techniques 1 - UNESCO, Paris, 2006; p. 44-52.

Henry A, Frascaria-Lacoste N. Biodiversity in decision-making for urban planning: Need for new improved tools. Under review in Land Use Policy.

Henry A, Roger-Estrade J, Frascaria-Lacoste N. The eco-district concept: effective for promoting urban biodiversity? Under review in Landscape Urban Plan.

Holling CS. Adaptive Environmental Assessment and Management. John Wiley; London; 1978.

Le Page C, Becu N, Bommel P, Bousquet F. Participatory agent-based simulation for renewable resource management: the role of the Cormas simulation platform to nurture a community of practice. J Artif Soc Soc Simulat 2012;15:10.

MEA (Millennium Ecosystem Assessment). Ecosystems and human well-being: Synthesis, Island Press, Washington, DC; 2005.

Sweeney BW, Arscott DB, Dow CL, Blaine JG, Aufdenkampe AK, Bott TL, Jackson JK, Kaplan LA, Newbold JD. Enhanced source-water monitoring for New York City: summary and perspective. J N Am Benthol Soc 2006;25:1062-1067.

UNFPA. State of the world population 2007: Unleashing the Potential Urban Growth. United Nations Population Fund, New York; 2007

Vimal R, Geniaux G, Pluvinet, P, Napoleone C, Lepart J. Detecting threatened biodiversity by urbanization at regional and local scales using an urban sprawl simulation approach: Application on the French Mediterranean region. Landscape and Urban Plan 2012;104:343-355.

Williams NSG, Schwartz MW, Vesk PA, McCarthy MA, Hahs AK, Clemants SE *et al.* A conceptual framework for predicting the effects of urban environments on floras. J Ecol 2009;97:4-9.

Figure

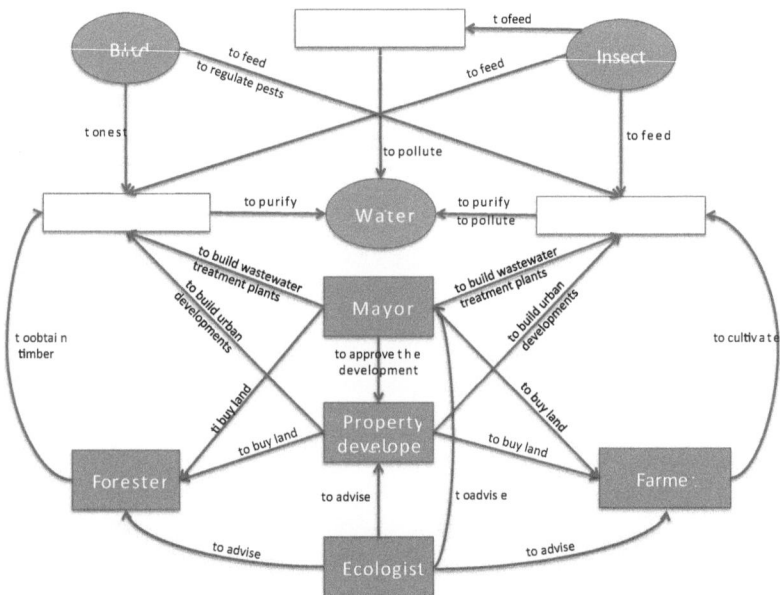

Figure 1 - Model components and interactions

2.2. Présentation détaillée du modèle NewDistrict : l'étalement urbain et ses conséquences environnementales

Introduction

Dans un contexte de changements globaux et d'étalement urbain, la biodiversité est fortement menacée. Depuis quelques années, les pratiques des urbanistes évoluent et intègrent un volet « nature et biodiversité » à leurs projets d'aménagement (Bovet, 2009 ; Souami, 2011). Les architectes et les urbanistes proposent une multitude d'espaces verts de toutes sortes, comme des parcs, des jardins partagés, des toitures et façades végétalisées. Malgré cela, comme nous l'avons vu précédemment (Henry *et al.*, *under review*) les aménagements restent souvent pauvres en biodiversité et ne peuvent donc participer au bon fonctionnement de l'écosystème à l'échelle régionale (Henry & Frascaria-Lacoste, 2012a). Il en est de même pour les éco-quartiers, qui sont annoncés comme exemplaires pour le développement durable des villes, en particulier du point de vue de l'énergie, de l'eau, des transports et des déchets, mais dont la question de la biodiversité est souvent traitée en dernier (Henry *et al.*, *under review*).

Le problème de prise en compte de la biodiversité dans l'aménagement de la ville réside à la fois dans le manque de sensibilisation des gestionnaires à l'importance de la biodiversité et à l'absence d'outils appropriés pour qu'ils puissent intégrer au mieux ce sujet dans leurs projets (Henry & Frascaria-Lacoste, 2012b ; Henry & Frascaria-Lacoste, *under review*) mais aussi par la présence de désaccords entre les différents acteurs du territoire concernés par les projets d'aménagements (élus, promoteurs et riverains).

Pour résoudre en partie ces problèmes, la concertation locale est une démarche intéressante. En général, il ne s'agit ni d'une consultation dont le but est de collecter des avis, ni d'une opération de communication où il est question de convaincre un public cible, ni d'une information qui vise à délivrer des éléments de compréhension d'une situation, ni d'une négociation dont le but est de décider d'un mode de « partage du gâteau ». La concertation désigne un processus de construction collective de visions, d'objectifs, de projets communs, en vue d'agir ou de décider ensemble (Beuret & Cadoret, 2010).

Ce processus comprend à la fois des phases de concertation proprement dite, des opérations d'information et de communication, d'échanges entre acteurs et de négociations. Toutes ces opérations prennent bien place dans un processus dont l'objectif est une construction commune (Beuret & Cadoret, 2010).

Face aux difficultés de prise en compte de la biodiversité dans les aménagements urbains, et au grand intérêt que nous percevons dans la concertation, nous avons décidé d'appliquer ce type de démarche à notre problématique. Plutôt que vouloir trouver des solutions concrètes à un cas particulier, nous avons choisi de faire émerger une prise de conscience collective qui permettrait d'initier le dialogue dans le cadre d'une situation non-conflictuelle entre des acteurs dont les objectifs et préoccupations ne sont pas convergentes *a priori*.

Pour cela, nous proposons une démarche de concertation basée sur un modèle multi-agents accompagné d'un jeu de rôles dans un contexte périurbain. Dans le cadre qui nous intéresse, le système multi-agents (SMA) va modéliser la problématique de l'étalement urbain et ses conséquences environnementales sur la durabilité à la fois écologique et économique de l'écosystème. Le jeu de rôles qui complète ce modèle a été développé en vue de faire réagir les différents acteurs de la périurbanisation, aux problèmes environnementaux que leurs activités peuvent causer.

Nous allons dans un premier temps revenir à la notion de concertation et de modélisation par des systèmes multi-agents, puis présenter le contexte de l'étude, la structure détaillée du modèle que nous avons développé, et enfin discuter des différents scénarios possibles d'aménagement du territoire.

1. Médiation et modélisation de systèmes multi-agents

Lors de conflits entre plusieurs acteurs, que ce soit dans un processus d'aménagement du territoire ou dans d'autres conditions, le recours à la médiation est indispensable pour débloquer la situation.

La médiation miroir vise à faciliter le dialogue et la construction d'un accord sans en influencer le contenu (Beuret & Cadoret, 2010) en offrant un support de dialogue permettant de mobiliser les acteurs. Elle met en forme la réalité locale et en présente une image la plus neutre possible aux protagonistes de la concertation. On peut citer trois types de représentations d'une situation locale (Beuret & Cadoret, 2010). (1) Le théâtre. Un scénario ou une succession de saynètes construits à partir de témoignages d'acteurs locaux à propos d'une question environnementale qui les concerne. Cela peut avoir un rôle informatif pour se faire une opinion et amener la discussion. Ce type d'outil a déjà été utilisé pour faire émerger des idées et des projets liés à l'éolien et pour susciter la discussion sur les conflits d'usage du territoire par des agriculteurs (Beuret & Cadoret, 2010). (2) Les représentations cartographiques co-construites et l'usage de calques. Ce sont des outils simples mais très pertinents. Cela peut être une photographie aérienne sur laquelle des transparents sont superposés afin de décider collectivement des zones à conserver ou à modifier. Ils sont par exemple utilisés par des fédérations de chasseurs pour délimiter les zones de chasse, par la Société d'économie alpestre pour mettre en place des troupeaux collectifs dans les alpages, ou pour les concertations autour des plans locaux d'urbanisme (Beuret & Cadoret, 2010). (3) Les représentations interactives sont des supports pour la construction de scénarios et l'interprétation des conséquences des choix réalisés. Ce type d'outil est utilisé pour faire comprendre aux participants, les conséquences de leurs choix et l'intérêt du dialogue. C'est un support de sensibilisation et de mobilisation. C'est aux représentations interactives que nous avons choisi de nous intéresser, et plus particulièrement aux systèmes multi-agents.

En effet, l'utilisation de ce type de modélisation en interaction avec des jeux de rôles est de plus en plus courante en tant qu'outil d'aide à la discussion et à la concertation entre des acteurs qui sont impliqués dans des problèmes de gestion de ressources communes. Les systèmes multi-agents sont des outils de simulation particulièrement adaptés à l'étude de la dynamique des interactions entre ressources et sociétés (Holling, 1978 ; Bousquet, 1999). Au sein de ces modèles, les espaces peuvent être virtuels mais les dynamiques naturelles et les règles de gestion sont basées sur des données de terrain. De nombreux modèles ont été développés, nous pouvons en citer quelques uns : « Alamo » (Agricultural Landscape Modelling) au sujet des politiques publiques agricoles et forestières et la transformation des paysages des Grands Causses au Sud du Massif central (Lifran *et al.*, 2003) ; « Sylvopast » sur le sylvopastoralisme et la prévention des incendies en région méditerranéenne (Etienne, 2003); « Thieul » sur le multi-usage de l'espace et des ressources autour d'un forage au Sahel (Bah *et al.*, 2001).

La première étape du développement de ce genre d'outils est soit l'identification d'un conflit, soit une demande de la part d'acteurs ou d'aménageurs en situation de blocage. La démarche consiste ensuite à identifier les principaux acteurs locaux concernés par l'utilisation du territoire étudié, puis à représenter la vision qu'ils se font des ressources naturelles et de leur dynamique, en fonction de leurs objectifs. Les stratégies de gestion mises en place par chaque type d'acteur sont définies et leur impact sur la biodiversité est évalué à différentes échelles de temps et d'espace (Etienne, 2006).

Cette démarche de modélisation d'accompagnement va plus loin que les démarches participatives classiques ou que les méthodes d'aide à la concertation qui consistent à réunir les différents acteurs lors d'un conflit ou d'une situation où un choix important doit se faire, afin qu'ils puissent discuter et trouver un accord en étant à l'écoute des besoins et désirs de chacun. Effectivement, ces modèles multi-agents et les jeux de rôles associés peuvent être utilisés de trois manières différentes. Ils peuvent constituer (1) un support pédagogique dans le but de faire prendre conscience des interactions entre acteurs et ressources, (2) un outil de médiation entre les différents acteurs du territoire, ou (3) un outil d'aide à la décision pour mettre en place un plan d'aménagement concerté (Etienne, 2006). Ces trois utilisations sont très intéressantes, mais nous avons voulu nous focaliser sur la première : le support pédagogique.

2. Contexte

L'urbanisation périphérique a de nombreuses raisons d'exister. Beaucoup d'acteurs économiques et politiques en tirent des bénéfices importants, notamment les promoteurs et le secteur de la construction, les investisseurs immobiliers, les acteurs de la grande distribution, les métiers des travaux publics et de l'industrie automobile, mais aussi les élus. La périurbanisation est au centre du dispositif de croissance économique (Djellouli *et al.*, 2010).

Mais ce processus n'est pas forcément bien contrôlé. En effet, les nouveaux quartiers, dont les éco-quartiers, contribuent pour la plupart à l'étalement urbain, synonyme de destruction des milieux naturels et semi-naturels en périphérie des villes, ayant des conséquences écologiques et économiques non négligeables. L'étalement urbain est un des problèmes majeurs allant à l'encontre du développement durable car il met en danger les vocations des espaces agricoles et naturels (EEA, 2006).

Le déclin de la biodiversité est en partie dû à la destruction, la fragmentation et la dégradation des habitats. Ces changements environnementaux ont pour conséquence de perturber l'écosystème et de faire disparaître des espèces animales et végétales et d'impacter négativement le fonctionnement de l'écosystème dans un délai plus ou moins court. Les services écologiques et sociaux qui en découlent, tels que l'épuration de l'eau, la recharge des nappes phréatiques, la pollinisation des plantes et les valeurs culturelles et récréationnelles seront altérés et l'écosystème perdra sa capacité d'adaptation et sa résilience.

Les coûts écologiques, économiques et sociaux sont lourds mais peu visibles à court terme, tandis que les bénéfices directs et indirects de l'étalement urbain sont immédiats et substantiels (Djellouli *et al.*, 2010).

Un regard prospectif est donc nécessaire pour anticiper les conséquences environnementales, notamment sur la pollution des nappes phréatiques, les couverts végétaux, les biotopes, et plus généralement sur la biodiversité et le fonctionnement de l'écosystème.

Chaque acteur du territoire a des intérêts différents et utilise les ressources environnementales afin d'arriver à ses propres objectifs. Leurs objectifs peuvent être opposés, et par conséquent engendrer des conflits, une concertation est alors nécessaire. Une concertation est une solution pour démarrer un processus de construction collective en vue d'agir ou de décider ensemble.

3. Vers la construction d'un modèle SMA intitulé NewDistrict

Nous avons choisi de réaliser le système multi-agents avec le logiciel de simulation Cormas (Bousquet *et al.*, 1998), développé par l'équipe Green du CIRAD. Ce logiciel est spécialisé dans le domaine de la gestion des ressources naturelles renouvelables et se veut un outil de représentation des interactions entre acteurs. Cormas est une plateforme de simulation basée sur l'environnement de programmation VisualWorks qui permet de développer des applications en utilisant le langage de programmation SmallTalk (Hopkins & Horan, 1995).

3.1. Concept du modèle

Pour réaliser un modèle sur l'étalement urbain, nous nous sommes directement inspirés d'une opération immobilière qui pourrait être par exemple celle qui a lieu sur le plateau de Saclay. Il s'agit de la construction de nouveaux bâtiments dans une zone agricole et forestière en périphérie des villes de Saclay, Palaiseau et Orsay.

Dans un tel programme d'aménagement, les élus locaux ont un rôle fort à jouer, en particulier pour autoriser les demandes de permis de construire. Nous avons donc choisi un rôle de maire dans notre modèle. Ces constructions sont souvent l'œuvre de promoteurs qui ont pour rôle d'acquérir des terrains et de les viabiliser et d'y construire des bâtiments. Dans notre modèle, un rôle sera donné à un promoteur. En milieu péri-urbain, les terrains qu'il acquiert sont souvent la propriété d'agriculteurs ou de forestiers qui y exercent leurs activités et avec qui il doit discuter le montant de la transaction financière. Des rôles supplémentaires sont donc donné à un forestier et deux agriculteurs. Nous avons choisi de créer deux rôles d'agriculteur afin d'enrichir le modèle et les scénarios possibles.

Dans ce type de projet d'aménagement, l'environnement est impacté. Nous avons choisi de modéliser cet impact environnemental sur l'eau et la biodiversité.

Concernant l'eau, la modélisation de la qualité de la nappe phréatique nous a paru appropriée, car elle est fortement influencée par l'occupation des sols et joue un rôle essentiel pour l'approvisionnement en eau potable. Concernant la biodiversité, nous avons choisi d'intégrer la présence d'oiseaux et d'insectes du fait de leurs rôles importants dans le fonctionnement de l'écosystème. D'une part, les oiseaux pour leur rôle dans la régulation des pestes et la dissémination des graines, et d'autre part les insectes pour leur rôle de pollinisateurs, essentiel pour la production alimentaire.

Au vu des caractéristiques ci-dessus, des associations naturalistes sont souvent présentes pour demander à modifier différents éléments du projet d'aménagement. Ainsi, la présence d'un écologue dans notre modèle nous a paru pertinente.

Les acteurs composant notre modèle sont :

- Un maire
- Un promoteur
- Un forestier
- Deux agriculteurs
- Un écologue

A chaque tour, des discussions peuvent avoir lieu entre le promoteur et les propriétaires terriens (forestier et agriculteurs) pour convenir d'un prix de vente pour des terrains afin de pouvoir y construire des bâtiments. Nous nous sommes inspirés des constructions actuelles pour définir deux types de bâtiments : classiques ou éco-conçus. Le maire est alors alerté lorsqu'une transaction a lieu et doit décider de l'accepter ou non. En plus de convenir d'un prix de vente avec le promoteur, les propriétaires terriens ont d'autres actions dans le modèle. Les agriculteurs peuvent changer le mode de culture de leurs champs (conventionnelle ou biologique) et le forestier peut décider de couper des parcelles de forêt (éclaircie ou coupe rase). L'écologue a pour rôle de conseiller et avertir les autres acteurs par rapport aux impacts qu'ils ont sur l'écosystème.

Les interactions entre les différentes composantes du modèle sont résumées dans la diagramme suivant (Figure 12).

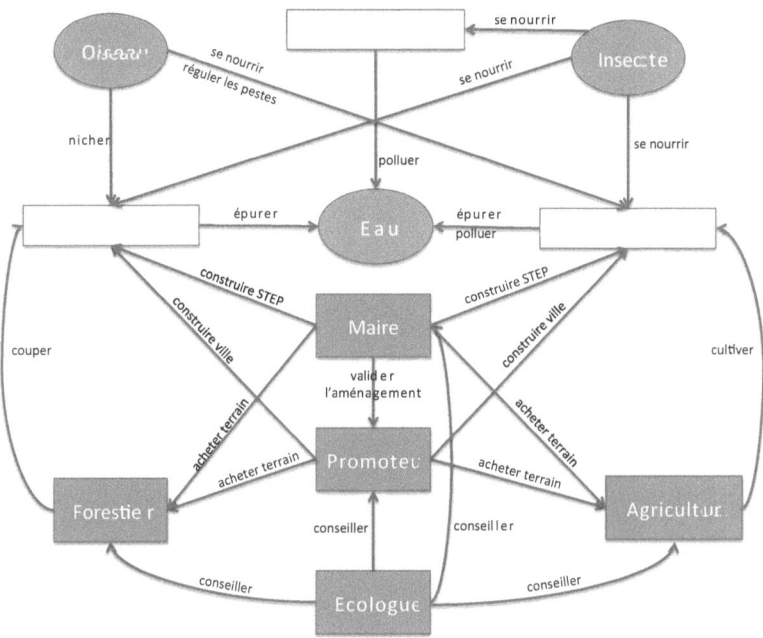

Figure 12 - Diagramme des interactions du modèle NewDistrict

3.2. Le territoire

Pour que le modèle puisse être adapté à toutes les situations rencontrées, nous avons décidé de modéliser un paysage fictif composé de ville, forêt et champ (Figure 13). Nous avons modélisé un territoire composé de 225 cellules (66 cellules de forêt, 64 cellules de champ et 85 cellules de ville) d'une surface de 1 hectare chacune. Cette superficie nous a paru adaptée à notre problématique, car elle est suffisante pour modéliser la diversité du paysage, et n'est pas trop élevée pour rester simple à gérer par les acteurs.

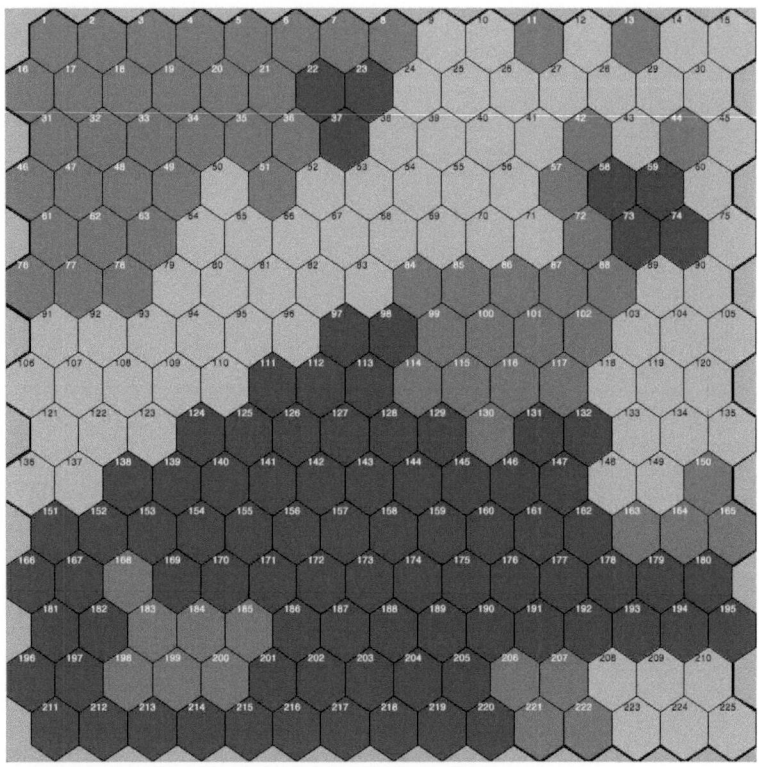

Figure 13 - Paysage du modèle NewDisctrict

Les différents types de cellules :

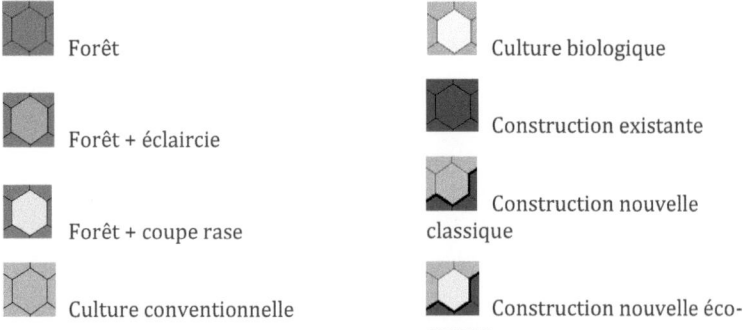

Les occupants des cellules :

Cellule occupée par un insecte   Cellule occupée par un oiseau

3.3. Les acteurs

- Le forestier

Un seul forestier est présent sur le territoire. Pour subsister il doit tirer des revenus à partir des 59 parcelles de forêts qu'il possède.

Nous avons décidé arbitrairement de fixer le rendement de base d'une cellule de forêt à 100. Chaque cellule de ville avoisinante le diminue de 10, du fait de la pollution qu'elle peut émettre. Puis si l'insecte est présent sur la cellule, alors son rendement sera diminué de 10%, car il est considéré comme nuisible pour la production de bois.

A chaque tour, pour mieux dynamiser le jeu, nous avons limité à 5 le nombre d'interventions possibles par le forestier dans sa forêt. Il a le choix entre réaliser une éclaircie ou une coupe rase.

Lorsqu'une éclaircie est effectuée, la valeur du rendement de la cellule est transformée en valeur financière. Par exemple, pour un rendement de 100, une éclaircie lui rapportera une somme de 100, qui sera ajoutée à son compte bancaire. Le tour d'après, la cellule aura retrouvé son état adulte, et il pourra à nouveau effectuer une action.

Lorsqu'une coupe rase est effectuée, il gagne 10 fois le rendement de la cellule, mais devra attendre 5 tours pour que la forêt recouvre son état adulte et qu'il puisse y effectuer une action.

- Les agriculteurs

Deux agriculteurs sont présents sur le territoire. Pour subsister ils doivent tirer des revenus des parcelles de champs qu'ils possèdent.

Nous avons fixé arbitrairement le rendement de base d'une cellule de culture à 100. Et chaque cellule de ville avoisinante le diminue de 5, du fait de la pollution qu'elle émet.

Si la cellule est favorable à l'oiseau, alors son rendement sera augmenté de 30% (Figure 14). Si la cellule est à une distance de 1 d'une cellule favorable à l'oiseau, alors son rendement ne sera augmenté de seulement de 20%. Si la cellule est à une distance de 2 d'une cellule favorable à l'oiseau, alors son rendement sera augmenté de 10%.

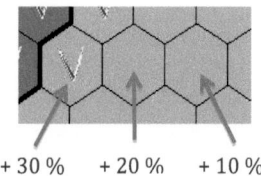

+ 30 %   + 20 %   + 10 %

Figure 14 - Rendement des cultures en fonction de la présence de l'oiseau

Ensuite, si le champ est cultivé en agriculture biologique, le rendement est diminué (Halberg & Sillebak Kristensen., 1997 ; Maeder *et al.*, 2002). Nous avons fixé à 20% la baisse du rendement due à l'absence d'utilisation de produits issus de la chimie de synthèse, pesticides ou engrais.

Pour conserver une dynamique de jeu, nous avons décidé que les agriculteurs pouvaient changer le mode de culture de seulement 5 de leurs champs à chaque tour, pour passer de conventionnel à biologique ou de biologique à conventionnel.

Chaque agriculteur récolte la totalité de ses champs chaque année. La somme de ses rendements est alors acquise sous forme de monnaie.

Une prime « bio » est attribuée à l'agriculteur lorsqu'il cultive au moins 10 champs en agriculture biologique pendant 3 tours. Il recevra la prime d'un montant de 5000. Il lui faudra 3 tours pour l'obtenir à nouveau.

- Le maire

Le maire de la ville est là pour gérer son territoire. Il autorise les transactions, ou les refuse en faisant droit de préemption.

Lorsqu'une transaction est en passe d'être effectuée, le maire peut la refuser et faire droit de préemption. Le terrain sera acquis au prix qui avait été convenu lors de la discussion entre le propriétaire et le promoteur, et le type de la cellule sera inchangé.

La valeur d'une cellule est fonction de ce qu'il y a autour (Figure 15). Une cellule de forêt ou une cellule de ville augmente de 20 la valeur de la cellule, tandis qu'un champ l'augmente de 10. Nous avons choisi que la présence de forêt ou de ville serait plus recherchée par les habitants, que la présence d'un champ. Un bonus de 10 est ajouté si la cellule est entourée uniquement de forêts ou de villes. Un bonus de 30 est ajouté si la cellule est entourée de (2 forêts/ 4 villes), (3 forêts/ 3 villes) ou (4 forêts/ 2 villes). Du fait des nuisances visuelles, sonores et olfactives, la présence d'une station d'épuration en contact avec la cellule diminuera sa valeur de 55%.

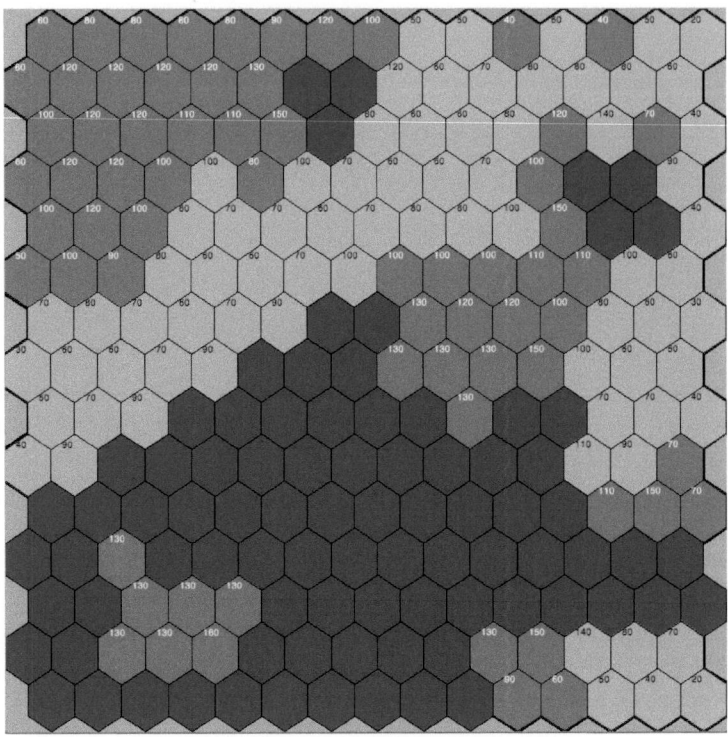

Figure 15 - Valeur des cellules du modèle NewDistrict

Une prime « biodiversité » est attribuée au maire lorsque le nombre de cellules favorables à l'oiseau est supérieur à 20 et constant ou en augmentation au cours de 4 tours consécutifs. Lorsque la prime a été obtenue, il faudra 4 autres tours pour l'obtenir à nouveau. Cette prime est d'un montant de 10000.

Lorsque 7 nouvelles cellules sont construites, la mairie doit construire des infrastructures pour répondre aux besoins des nouveaux habitants (aménagement des routes, construction d'écoles, etc.). Le montant de l'investissement est de 3000.

Le taux de taxation des revenus agricoles et forestiers est décidé par la Mairie. Au commencement, il est de 5%. Les agriculteurs et le forestier sont imposés à 5% sur les revenus qu'ils tirent de leurs exploitations. Ce taux peut être modifié tous les 3 tours.

- Le promoteur

Il peut construire soit de manière classique, soit de manière éco-conçue sur les terrains qu'il a acheté au forestier ou aux agriculteurs.

Le coût d'une construction classique est de 100. Le prix de revente est de 1,8 fois la valeur du terrain. Le coût d'une construction éco-conçue est de 150. Le prix de revente est de 1,5 fois la valeur du terrain. En effet, la construction d'un bâtiment éco-conçu est souvent plus coûteuse que celle d'un bâtiment classique. Nous avons décidé de fixer un prix de vente moins élevé pour l'éco-conception afin de ne pas pousser le promoteur à éco-construire pour un gain financier.

La dépense de la construction se fera lors du tour de l'achat du terrain, mais la recette de la vente des terrains construits se fera au tour d'après.

- L'écologue

L'écologue connaît les dynamiques de populations d'insectes et d'oiseaux, ainsi que le processus naturel d'épuration de l'eau.

Son rôle est de conseiller ou d'avertir les autres acteurs pour améliorer leurs pratiques afin de conserver un équilibre de l'écosystème. Pendant le déroulement du jeu, il peut circuler et venir conseiller les autres joueurs.

- Résumé des recettes et dépenses de chaque acteur (Tableau 6) :

Tableau 6 - Recettes et dépenses de chaque acteur

Acteur	Recettes	Dépenses
Maire	- Taxes sur les coupes et les récoltes - Prime « biodiversité »	- Achat de stations d'épuration - Frais de fonctionnement des STEP - Droit de préemption - Investissement urbain
Promoteur	- Vente des terrains construits	- Achats de terrains - Construction sur le terrain
Agriculteur	- Revenus de la récolte des champs - Revenus des ventes de terrains - Prime « bio »	- Taxes sur ses revenus de récolte - Frais fixes de fonctionnement
Forestier	- Revenus des coupes de la forêt - Revenus des ventes de terrains	- Taxes sur ses revenus de coupes - Frais fixes de fonctionnement

3.4. Les ressources

- Eau

L'indice de la qualité de l'eau (Q) dépend du type des cellules présentes dans le paysage. Nous avons arbitrairement assigné à chaque type de cellule, une valeur relative afin de traduire son impact plus ou moins fort sur le processus naturel de l'épuration de l'eau (Tableau 7).

Tableau 7 - Impact du type de cellule sur la qualité de l'eau

Type de cellule	Impact sur l'indice de la qualité de l'eau
Construction existante	-5
Construction nouvelle classique	-5
Culture conventionnelle	-3
Construction nouvelle éco-conçue	-2
Forêt + coupe rase	0
Culture biologique	+1
Forêt + éclaircie	+2
Forêt	+5
Station d'épuration	+100

Les valeurs d'impact des cellules sont additionnées afin de donner la qualité de l'eau de la ville. Une construction existante et une construction nouvelle classique a les impacts les plus négatifs sur la qualité de l'eau. A l'inverse, la forêt a l'impact le plus positif. Néanmoins, la qualité de l'eau peut être améliorée (+100) en construisant une station d'épuration. Le maire achète un terrain au choix, mais au prix du marché. Le nombre de stations d'épuration n'est pas limité, mais chaque station d'épuration aura un prix de construction (2000) et un prix de fonctionnement (500 à chaque tour).

Nous avons arbitrairement choisi de classer la qualité de l'eau selon les valeurs suivantes (Tableau 8).

Tableau 8 - Classement de l'état de la qualité de l'eau

Indice de la qualité de l'eau (Q)	Etat de la qualité de l'eau
< -700	Très mauvais
-700 ≤ Q < -400	Mauvais
-400 ≤ Q < -100	Moyen
-100 ≤ Q < 200	Bon
Q ≥ 200	Très bon

- Insectes

L'insecte joue un rôle de pollinisateur dans les champs (augmentation du rendement), mais est un parasite pour la forêt (diminution du rendement).

Une cellule est favorable à l'insecte lorsqu'elle est entourée d'au minimum 1 culture, 1 forêt et 1 ville.

Si la cellule devient défavorable à l'insecte, il survit un tour (son symbole dans la cellule devient rouge) puis disparaît de la cellule au tour suivant.

- Oiseaux

L'oiseau a un rôle de régulateur de pestes dans les champs, il augmente leur rendement, jusqu'à une distance de 2 cellules.

Une cellule est favorable à l'oiseau lorsqu'elle est entourée d'au minimum :

- 2 cultures conventionnelles et 2 forêts
- ou 1 culture biologique et 2 forêts

Si la cellule devient défavorable à l'oiseau, il survit un tour (son symbole dans la cellule devient rouge) puis disparaît de la cellule au tour d'après.

4. Les scénarios

4.1. Le déroulement du jeu de rôles

A chaque tour, le promoteur achète des terrains (forêt ou champs) pour y construire des bâtiments. Les agriculteurs cultivent leurs champs pour produire des ressources alimentaires et avoir des revenus. Le forestier gère sa forêt et coupe du bois pour avoir des revenus. Par leurs activités, ces acteurs ont un impact sur la qualité de l'eau de la nappe phréatique et sur la biodiversité (dynamique des populations d'insectes et d'oiseaux). Le maire veille au bon développement de sa ville en autorisant les constructions, en faisant droit de péremption, en s'assurant que le territoire de sa commune se développe de façon durable. Enfin, l'écologue conseille ou alerte les différents acteurs si leurs choix de développement risquent d'avoir des conséquences négatives pour l'environnement.

Ces actions prendront effet à la fin de chaque tour, et les conséquences environnementales seront visibles sur le paysage. La fin du jeu pourra être décidée en fixant par exemple un nombre de tours à réaliser ou lorsqu'un joueur quittera le jeu. Un grand nombre de scénarios sont possibles selon les différents choix de chaque acteur. Au début du jeu, de l'argent est assigné à chaque joueur. Un montant de 500 est donné au forestier et aux agriculteurs, 400 pour le promoteur et 200 pour le maire. Initialement, il y a 36 cellules favorables à l'oiseau et 30 cellules favorables à l'insecte. La qualité de l'eau a une valeur de (-317) équivalant à une qualité moyenne.

Nous avons choisi de simuler trois scénarios pour illustrer la présentation du modèle.

4.2. Scénario 1

Dans ce premier scénario, c'est la rentabilité financière des agriculteurs, du forestier et du promoteur qui est au centre du jeu. Le promoteur acquiert les terrains dont la valeur de revente est la plus élevée (Figure 15), pour y construire des bâtiments classiques. En parallèle les agriculteurs cultivent leurs champs en agriculture conventionnelle, et le forestier réalise uniquement des coupes rases sur les terrains dont le rendement est le plus élevé. Le maire ne s'oppose à aucune transaction, tandis que l'écologue n'arrive pas à convaincre les autres acteurs de considérer l'environnement dans leurs pratiques.

Au bout du quatrième tour, le forestier est à l'équilibre financier (+40), le promoteur et les agriculteurs sont les grands gagnants avec respectivement (+685), (+3400) et (+5886). A l'inverse le grand perdant est le maire avec (-3449). Au niveau environnement, le nombre d'oiseaux passe de 36 à 22 (Figures 16 et 17), et le nombre d'insectes de 30 à 39. L'eau devient de mauvaise qualité, elle diminue de 40% par rapport à la qualité de départ. Ainsi, dans ce scénario, le fonctionnement écologique est très altéré, l'effectif de la population d'oiseaux a fortement diminué. Cela engendre une diminution du rendement des cultures agricoles, mais cela est vite compensé par l'argent gagné par la vente de champs au promoteur. La qualité de l'eau est très mauvaise, la mairie devra donc construire une ou plusieurs stations d'épuration pour pallier ce problème, et dépenser de l'argent pour les faire fonctionner. Il s'endettera encore plus.

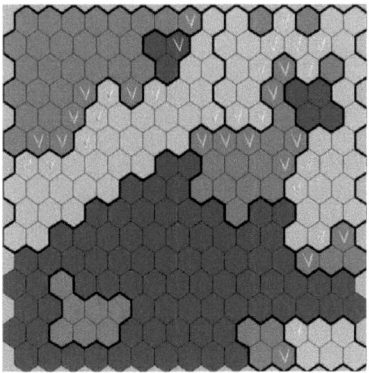
Figure 16 - Paysage initial avec la présence d'oiseaux

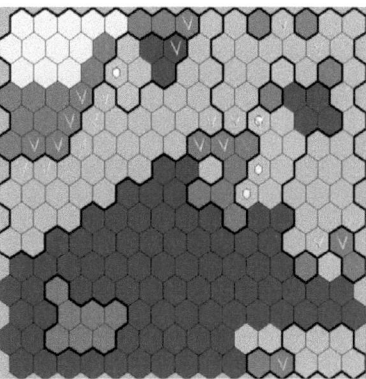
Figure 17 - Paysage et présence d'oiseaux au quatrième tour du scénario 1

4.3. Scénario 2

De ce deuxième scénario, nous avons choisi la situation strictement opposée, c'est-à-dire un écologue très convaincant. Les agriculteurs et le forestier refusent de vendre des terrains au promoteur. Un des agriculteurs convertit peu à peu ses cultures en agriculture biologique, et le forestier n'effectue que des éclaircies pour gagner de l'argent.

Les gagnants de ce scénario sont les agriculteurs et le maire. Tandis que le forestier ne gagne pas assez d'argent en réalisant des éclaircies, le promoteur a quitté le jeu au bout de deux tours puisque personne n'accepte de lui vendre de terrains. Au fil des tours, la situation change peu. Le nombre d'oiseaux augmente de 36 à 39, et le nombre d'insecte reste fixe. L'eau est toujours de qualité moyenne, mais elle s'est améliorée de 20% grâce à l'agriculteur qui se convertit à l'agriculture biologique.

D'un point de vue écologique, ce scénario est performant, mais le promoteur a quitté la concertation et le forestier est en déficit et devra arrêter son activité.

4.4. Scénario 3

Dans ce troisième scénario, l'écologue et le promoteur participent activement à un processus de discussion pour trouver des compromis (Figure 18). Le promoteur achète des terrains qui n'impactent pas négativement la présence des oiseaux et des insectes et y construit des bâtiments éco-conçus. Un des deux agriculteurs se convertit à l'agriculture biologique et le forestier effectue des éclaircies et des coupes rases. Le maire ne s'oppose à aucune transaction.

Au quatrième tour, le forestier est toujours en déficit, mais le réduit peu à peu en vendant des terrains et en réalisant quelques coupes rases. Les agriculteurs sont les grands gagnants. Le promoteur et le maire sortent également gagnants dans ce scénario. En quatre tours, le nombre d'oiseaux passe de 36 à 39, et le nombre d'insectes de 31 à 38. La qualité de l'eau est au même niveau qu'au début du jeu, c'est-dire moyenne.

Le fonctionnement écologique du paysage est rendu possible dans ce scénario grâce aux compromis du promoteur et de l'écologue.

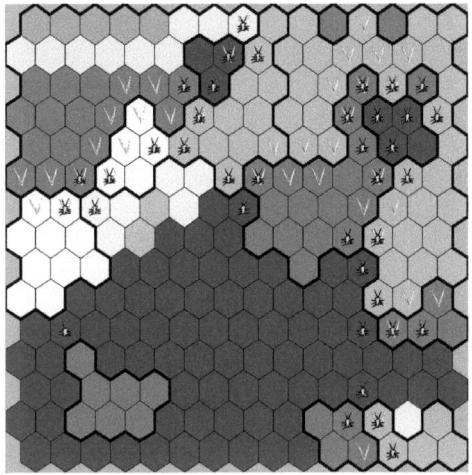

Figure 18 - Paysage et présence d'insectes et d'oiseaux au quatrième tour du scénario 3

5. Discussion

5.1. Discussion du modèle

Une multitude de scénarios est possible, mais pour une première approche de notre modélisation, nous avons choisi d'en illustrer seulement trois : le premier centré sur l'intérêt financier, le deuxième sur l'intérêt écologique et le troisième sur un compromis entre économie et écologie.

Nous avons joué ces scénarios sur 4 à 5 tours seulement afin de voir les premières sorties de ces scénarios. Il en ressort rapidement des déséquilibres lorsque les acteurs ne se concertent pas. En effet, des acteurs peuvent quitter le jeu, soit par manque d'argent, soit par manque de discussion.

Sans avoir encore mis le jeu en pratique, ces premiers résultats sont encourageants, car ils montrent que la situation peut se bloquer rapidement. C'est un avantage certain pour la durée du jeu. Le but étant de faire jouer plusieurs personnes en une demi après-midi. Plusieurs parties pourront être jouées, et les participants pourront se rendre compte de l'intérêt de la concertation dans une approche centrée sur l'environnement grâce aux différents scénarios qu'ils auront mis en place.

Il existe encore des déséquilibres entre les différents rôles. En particulier, les agriculteurs ressortent toujours largement gagnants. Et le forestier sort souvent en déficit. Des modifications des rendements des cultures et des coupes forestières devront être réalisées afin de réduire l'écart entre ces acteurs et de rendre le jeu plus réaliste.

De plus, ce jeu devra être mis en pratique pour déceler la difficulté de prise en main par les joueurs.

5.2. Discussion de la concertation par SMA et jeux de rôles

Nous avons choisi d'utiliser ce type d'outils pour initier le dialogue entre les acteurs et pour faire émerger une prise de conscience de chacun. L'astuce serait, dans les jeux avec des vrais acteurs, de les faire jouer leurs propres rôles, mais aussi d'autres rôles. Par exemple, le promoteur pourra jouer le rôle de l'écologue, et ainsi pourra se confronter à une réalité de terrain que nous avons modélisée. Cela représente un des avantages du SMA et des jeux de rôles, cet échange de points de vues permet une meilleure prise de conscience de chacun. Il serait intéressant de faire pratiquer ce jeu aux personnels de VINCI.

L'utilisation de ce genre d'outil dans des situations de conflit a déjà fait ses preuves. Nous pouvons citer par exemple le jeu SylvoPast (Etienne, 2003), créé dans un but pédagogique afin de rendre plus interactives des formations sur le sylvopastoralisme prévues pour des agents de l'ONF. Il s'agissait de leur faire comprendre la diversité des points de vue des usagers sur la forêt et de les aider dans la négociation avec ces usagers lors de la mise en place d'aménagements sylvopastoraux dans le cadre de la prévention des incendies en forêt méditerranéenne. Méjanjeu a été créé à la suite d'une demande du Parc National des Cévennes de sensibiliser les populations du Causse Méjan à la "fermeture des milieux". Initialement axée sur le buis, la problématique est devenue "se mobiliser face à l'envahissement par les pins", processus identifié comme majeur suite à des simulations issues d'un modèle multi-agent. Il s'agissait de faire prendre conscience aux acteurs locaux de l'ampleur du processus écologique d'enrésinement et de faire réagir collectivement les agriculteurs, les forestiers et les agents du parc national face à cette dynamique spatiale. Nous pouvons également citer le projet GardAuFeu (Rougier et al., 2011) qui intervient dans le cadre du programme européen PYROSUDEO d'amélioration des politiques de gestion du risque d'incendie. Ce programme est piloté par le Conseil Général du Gard et le projet GardAuFeu est l'une des démarches pilotes que celui-ci a engagé sur son propre territoire, dans les Cévennes Alésiennes et Viganaises, en contribution à la réflexion collective sur le thème du développement de nouveaux outils de sensibilisation au risque incendie. Ces initiatives ont été concluantes et illustrent bien la demande forte des collectivités et leur intérêt d'innover dans leurs pratiques de concertation. Par ailleurs, l'utilisation de systèmes multi-agents comme outils de concertation est en pleine expansion. Par exemple, si l'utilisation de la plateforme CORMAS, créée 1998, occupe une petite place dans les plateformes de modélisation multi-agents, elle est en constante augmentation (Le Page et al., 2012). La communauté qui utilise CORMAS s'agrandit au fur et à mesure, grâce aux formations proposées par ses créateurs.

Néanmoins, dans la littérature, il existe quelques réserves quant à l'utilisation des SMA comme outils de concertation et de médiation pour trouver des solutions. Pour certains, ils permettent plus de susciter la curiosité et les questionnements que d'apporter des réponses (Beuret & Cadoret 2010). De plus, le rapport coûts/bénéfices de cet outil peut apparaître moins intéressant que celui d'autres outils plus simples à développer. En effet le développement d'un SMA peut s'avérer nettement plus coûteux que des outils non-informatisés, pour obtenir des résultats du même ordre.

La concertation est une démarche de plus en plus utilisée pour résoudre les conflits liés à l'utilisation des ressources naturelles d'un territoire. D'autres modes de concertation existent, nous pouvons notamment citer une autre démarche intéressante, l'audit patrimonial (Pupin, 2008). Il s'agit d'une démarche d'identification et de résolution de problèmes complexes et multi-acteurs. Ce processus est effectué par des intervenants extérieurs (auditeurs patrimoniaux) à la problématique qui ont pour rôle de recueillir toutes les formes de connaissances, et notamment l'expertise de multiples acteurs qu'ils sollicitent en tant qu'experts. Une synthèse des résultats est réalisée par les intervenants. Ils proposent ensuite à l'ensemble des acteurs une représentation de la réalité, suffisamment riche pour qu'elle puisse être acceptée par chacun pour y inscrire leur propre représentation et faire émerger des possibilités d'évolution positive. A l'inverse de l'audit patrimonial, le jeu de rôles que nous avons développé permet aux acteurs de s'emparer directement de la problématique et de tenter de négocier entre eux. Le concepteur du jeu de rôles n'est là que pour s'assurer du bon déroulement de l'opération.

Un autre élément qui montre que la concertation prend une place importante de nos jours, et en particulier dans le domaine de la construction, est le prix de l'innovation remis par VINCI en 2009 au chantier du prolongement de l'autoroute A89, qui comportait en plus de la préservation et le suivi de la biodiversité, et de la gestion du chantier certifiée ISO 14001, une concertation approfondie avec les associations naturalistes et fédérations de chasse et pêche (Depaepe, 2012). Des visites de terrain par les associations et des réunions d'information et de discussion ont eu lieu. La protection de la ressource en eau s'est révélée un enjeu majeur du projet. La truite Fario (*Salmo trutta fario*), l'écrevisse à pattes blanches (*Austropotamobius pallipes*) et le sonneur a ventre jaune (*Bombina variegata*) sont trois espèces emblématiques parmi les autres espèces qui ont bénéficié de mesures importantes telles que la création d'un élevage conservatoire d'écrevisses, l'aménagement des ouvrages hydrauliques pour permettre leur franchissement, la reconstitution de 150 mares et la création de passages à faune aériens et souterrains.

Conclusion

Dans un contexte de changements globaux et d'étalement urbain, la biodiversité est de plus en plus menacée. Malgré sa prise en compte dans les projets d'aménagement urbain, les mesures proposées ne sont pas suffisantes. Cela est notamment dû au manque d'information et de sensibilisation des différents acteurs, et en particulier des urbanistes. Face à ce constat, nous avons développé un modèle multi-agents accompagné d'un jeu de rôles, grâce à la plateforme CORMAS, centré sur l'aménagement du péri-urbain et ses conséquences environnementales afin de faire émerger une prise de conscience collective des acteurs concernés. Nous avons choisi de construire ce modèle autour des interactions entre un maire, un promoteur, un forestier, deux agriculteurs et un écologue, et des impacts sur la biodiversité et la qualité de la nappe phréatique. Ce modèle devra être joué avec des acteurs réels pour tester sa réelle efficacité à initier le dialogue et changer les pratiques actuelles. Les processus de concertation autour de l'utilisation des ressources naturelles sont en plein essor, nous avons donc voulu y contribuer en réalisant ce nouvel outil qui s'inscrit dans une dynamique de diminution des impacts environnementaux et de la préservation du fonctionnement des écosystèmes.

Conclusion générale

En quelques années, notamment depuis le Grenelle de l'Environnement en 2007, le nombre de projets d'éco-quartiers en France est passé de quelques unités à plusieurs centaines. On peut y voir un intérêt des urbanistes à la problématique environnementale liée aux changements climatiques et à l'étalement urbain. Néanmoins le concept d'éco-quartier reste encore flou. Pour certains il s'agit de construire quelques bâtiments dont la performance énergétique est excellente comparée à ce qui était en vigueur précédemment. Pour d'autres, il s'agira d'une réflexion plus profonde sur l'intégration du quartier dans son environnement et son impact en matière de production de déchets, de pollution des eaux et de propreté des transports.

La définition générale d'un éco-quartier établie par le Ministère de l'Environnement stipule que celui-ci doit respecter les principes du développement durable, et dont la conception même a pour objectif de proposer des logements pour tous dans un cadre de vie de qualité, tout en limitant son empreinte écologique. Plus précisément, la conception d'un éco-quartier doit promouvoir une gestion responsable des ressources. De plus, ce quartier doit s'intégrer dans la ville existante et le territoire qui l'entoure. Il doit également participer au dynamisme économique local. La mixité sociale et le « vivre ensemble » se feront par la construction de logements pour tous et de tous types (du studio pour une personne à l'appartement pour une famille nombreuse, en logement social et à l'accession à la propriété) et avec une vision partagée dès la conception du quartier entre les acteurs de l'aménagement et les habitants.

Face à cette définition générale du concept d'éco-quartier, la réglementation est encore floue et aucune certification ou labellisation n'a été mise en place pour ce genre de quartier. Néanmoins, le MEDDTL (Ministère de l'Ecologie, du Développement Durable, des Transports et du Logement) a pour projet de créer prochainement un label « EcoQuartier » pour stabiliser leur statut en l'inscrivant dans le droit français de l'urbanisme. Dans notre bilan, présenté dans la première partie de ma thèse, nous avons pu montrer la disparité entre les différents projets et le peu de place accordée à la biodiversité.

Il serait donc utile d'encadrer cette pratique afin de labéliser « éco-quartiers », seulement les quartiers qui respectent des normes précises et en particulier ceux qui conservent ou promeuvent un fonctionnement écologique du site sur lequel le projet est construit. Un suivi de ces quartiers est également nécessaire pour contrôler leur gestion et décider s'ils peuvent conserver ou non le label. Néanmoins, obtenir un label, ne doit pas être l'objectif d'un quartier, mais plutôt le résultat d'une démarche. Bien que cet objectif soit respectable, si la motivation première est l'obtention d'un label, alors les moyens mis en place pour faire d'un quartier un « éco-quartier » n'iront pas au-delà de ce qui est nécessaire. Cela pourrait alors être un frein à l'innovation urbaine.

En plus du constat des aménagements urbains pauvres en biodiversité, nous avons constaté un manque d'outils appropriés à cette problématique pour les urbanistes. L'ACV en est un exemple éloquent. Cet outil d'aide à la décision, très utilisé dans le domaine de la construction pour calculer l'impact environnemental d'un produit (depuis sa conception jusqu'à sa fin de vie), intègre très mal la biodiversité dans ses calculs. Il serait utile d'améliorer cette partie afin d'estimer du mieux possible les impacts réels sur la biodiversité. Une solution pour rendre cet indicateur plus percutant serait de considérer l'impact sur les fonctions écologiques ou les services écosystémiques, plutôt qu'un simple nombre d'espèces détruites.

Au-delà de sa fonction actuelle, nous avons aussi voulu souligner les potentielles dérives de l'utilisation de ce type d'outils. Un exemple très nouveau d'utilisation de l'ACV est le souhait de comparer différents types d'espaces verts pour mettre en place celui dont l'impact environnemental sera le moins élevé. Non seulement les calculs d'ACV restent approximatifs d'un point de vue de la biodiversité, mais le nouvel usage de cet outil pourrait risquer d'homogénéiser les pratiques et par conséquent d'appauvrir la biodiversité et altérer le fonctionnement de l'écosystème de façon encore plus systématique.

Un autre outil déjà existant était le Profil-Biodiversité, créé par Frank Derrien. Cet outil permet de faire un diagnostic environnemental d'un site et d'en déterminer son potentiel pour promouvoir la biodiversité. Il permet une première approche intéressante pour estimer les grandes caractéristiques environnementales d'un site mais ne permet pas de faire correctement état de sa dynamique écologique.

C'est pour cela que nous avons voulu compléter cette approche, en proposant aux aménageurs de nouveaux outils pour les aider dans leurs activités. Nous avons développé un premier outil d'aide à la décision (BioDi(v)Strict), que nous voulions compréhensible par les non-spécialistes, peu coûteux et simple à utiliser, afin d'inciter le plus possible les urbanistes à mieux considérer la biodiversité dans leurs pratiques. Cet outil est basé sur la diversité des habitats en lien avec des groupes d'espèces bio-indicatrices (plantes, papillons de jour, amphibiens et oiseaux nicheurs). Pour une première application, nous avons choisi la Cité Descartes comme site pilote. D'autres applications seront nécessaires afin d'améliorer notre outil, notamment concernant la pondération écologique des différents types d'habitats et la fixation assez arbitraire des seuils de saturation que nous avons pris en compte.

Pour compléter cet outil d'aide à la décision, nous avons développé un outil d'aide à la concertation basé sur un modèle multi-agents (NewDistrict) accompagné d'un jeu de rôles dans un contexte périurbain. Les démarches de concertation sont en plein essor et leur efficacité a été prouvée, notamment pour résoudre des conflits liés à l'utilisation des ressources naturelles. Nous avons modélisé la problématique de l'étalement urbain (qui est considéré comme une des principales menaces pour la biodiversité) et ses conséquences environnementales sur la durabilité à la fois économique et écologique de l'écosystème. Plutôt qu'aider à résoudre un problème dans un cas précis, nous avons souhaité développer une démarche dont le but était de réunir les principaux acteurs locaux pour faire émerger une prise de conscience collective en vue d'agir et de décider ensemble en prenant en compte l'environnement. Ce jeu de rôles n'a pas encore été mis en application. Il devra l'être pour déceler la difficulté de prise en main par les joueurs, ajuster les différents paramètres et conclure sur son potentiel pour améliorer la problématique de la biodiversité péri-urbaine.

Le développement de ces nouveaux outils d'aide à la décision et à la concertation est une première étape importante dans le processus de prise en compte de la biodiversité par les entreprises.

D'autant que les entreprises se retrouvent aujourd'hui dans une situation paradoxale face à la crise écologique. Elles contribuent, volontairement ou non, à l'érosion croissante de ce qui constitue, dans de nombreuses circonstances, le socle de leur avantage concurrentiel et de leur création de valeur : la biodiversité. Source majeure d'innovation, la biodiversité conditionne souvent une part importante du chiffre d'affaires de l'entreprise, en particulier via sa dépendance aux services écosystémiques. Dans le cas des entreprises de construction et d'aménagement du territoire, la dépendance aux services écosystémiques réside dans le besoin de matières premières renouvelables (bois) ou non (minerai, sables), dans les propriétés physiques des sols (stabilité), la régulation contre les risques naturels (inondations, éboulements, tremblements de terre), le climat (températures, pluviométrie) et la proximité à des services culturels (espaces verts, paysages). Malgré cette forte dépendance, les pressions exercées sur ces services sont nombreuses, telles que la destruction, la minéralisation et la fragmentation des milieux et l'introduction d'espèces exotiques.

Face aux risques et opportunités liés à la dégradation des écosystèmes, les entreprises sont confrontées à des questionnements pour élaborer et mettre en œuvre leurs stratégies en terme de services écosystémiques. Or, pour la plupart des entreprises, maximiser son retour sur investissement, développer ou maintenir son avantage concurrentiel ne se traduit pas par des investissements et des innovations en faveur du maintien de la biodiversité et des services écosystémiques associés.

Cette prise en compte par l'entreprise est donc liée d'une part à une analyse coût/bénéfice et d'autre part à sa propre motivation. Quatre types de politique au sein des entreprises sont souvent constatés (Houdet, 2008). (1) Le statu quo ou l'inertie : l'entreprise ne se considère par concernée par la biodiversité et ne change pas ses pratiques. (2) Politique réactive : l'entreprise est consciente des risques liés à la biodiversité pour son activité, cette politique tend à s'appuyer sur des normes, des certifications et sur la communication afin de la justifier. (3) Politique proactive : une politique qui met en œuvre des actions en faveur de la biodiversité sans pour autant remettre en cause son activité. (4) gagnant-gagnant : une politique qui voit dans la biodiversité une vraie opportunité économique conduisant au remodelage en profondeur du processus de décision stratégique.

Grâce aux outils que nous avons développé pendant cette thèse, il est possible de passer d'une politique d'inertie, souvent constatée dans le milieu de la construction et de l'aménagement du territoire, à une politique réactive (comme la labellisation), voire proactive (comme l'optimisation écologique des aménagements urbains).

Dans une entreprise du domaine de la construction qui impacte fortement son environnement, ces deux types de politique sont une première étape essentielle, mais encore insuffisante. En effet, une politique réactive utilisera des certifications existantes (HQE, BREEAM ou LEED) sans pour autant les dépasser, et de plus la présence de normes ou de certifications ne garantit pas l'efficacité qui est en grande partie liée au comportement des utilisateurs. Une étape plus ambitieuse et innovante serait de passer à la politique « gagnant-gagnant » où la biodiversité deviendrait un réel moteur pour l'entreprise.

Effectivement, la prise en compte de la biodiversité peut être un excellent moyen pour valoriser l'entreprise et l'environnement qu'elle impacte, en permettant une durabilité de ses activités et en lui conférant une bonne réputation vis-à-vis du public. Pour cela, elle doit opérer des changements en profondeur en adaptant les technologies et les modes de production et en intégrant des problématiques liées aux systèmes vivants dans les systèmes de management, d'évaluation de la performance et d'innovation. Il faut donc rechercher dans la nature et le vivant, de nouveaux produits, procédés ou modes d'organisation s'inspirant des boucles naturelles pour repenser le métabolisme des entreprises et des territoires et en tirer une plus-value pouvant rentrer dans le système comptable de l'entreprise (Houdet, 2008). Ce modèle aurait pour but de maintenir et restaurer la diversité des écosystèmes la plus large possible, tout en permettant le développement et la prospérité des entreprises.

Pour cela, le biomimétisme est peut-être une approche intéressante. Il s'inscrit dans une démarche d'innovation durable et fait appel au transfert et à l'adaptation des principes et des stratégies élaborés par les organismes vivants et les écosystèmes, afin de produire des biens et des services de manière plus durable, et, finalement, de rendre les sociétés humaines compatibles avec la biosphère (Benyus, 1998). Un exemple connu dans le domaine de l'architecture et de la construction est l'immeuble Eastgate à Harare (Zimbabwe) conçu en s'inspirant du système de ventilation des termites africains pour réguler la température grâce à une circulation d'air dans un réseau de galeries et de cheminées. Sur ce principe de ventilation, les économies d'énergie de l'immeuble sont de 90%. Dans cet exemple, la biodiversité est utilisée comme source d'inspiration pour l'innovation (Klein, 2009).

L'idée profonde est bien celle d'un retour à la nature comme le formidable challenge de demain de l'entreprise pour affirmer de nouvelles formes de compétitivité tout en ayant une action « gagnant-gagnant » à son égard. Nous aurions ici une affirmation forte et spontanée d'une prise en compte réelle et effective de la biodiversité en son sein. D'un « greenwashing » éphémère, nous irions ici vers un réel partenariat entreprises/nature où la biodiversité, telle un modèle, serait enfin respectée et intégrée à sa juste valeur.

Bibliographie

Ateliers Lion. 2010. Cité Descartes. Cœur du Cluster Descartes. EPAMARNE – Avril 2010 – Concours de maîtrise d'œuvre urbaine pour l'aménagement de la Cité Descartes sur les communes de Champs-sur-Marne et Noisy-le-Grand.

Bah A, Touré I, Le Page C, Bousquet F, Diouf A. 2001. Un outil de simulation multi-agents pour comprendre le multi usage de l'espace et des ressources autour d'un forage au Sahel. Le cas de Thieul au Sénégal. In Th. Libourel Ed., Géomatique et espace rural, SIGMA, Actes des journées de Cassini, Montpellier 26-28 septembre 2001, pp 105-117.

Benyus JM. 1998. Biomimicry : Innovation Inspired by Nature. William Morrow (Ed.) 320p.

Bergerot B, Merckx T, Van Dyck H, Baguette M. 2012. Habitat fragmentation impacts mobility in a common and widespread woodland butterfly: do sexes respond differently ? BioMed Central Ecology. 12: 5.

Beuret JE, Cadoret A. 2010. Gérer ensemble les territoires, vers une démocratie participative. Editions Charles Léopold Mayer, Fondation de France. 228 p.

Blanc N, Bridier S, Glatron S, Grésillon L, Cohen M. 2005. Appréhender la ville comme (mi)lieu de vie. L'apport d'un dispositif interdisciplinaire de recherche, in Mathieu N et Guermond Y (Ed.), La Ville Durable, du Politique au Scientifique, Paris, Cemagref/Cirad/Ifremer/Inra, pp. 261-281.

Bousquet F, Bakam I, Proton H, Le Page C. 1998. Cormas : common-pool resources and multi-agent systems. Lecture Notes in Artificial Intelligence. 1416: 826-837.

Bousquet F, Barreteau O, Le Page C, Mullon C, Weber J. 1999. An environmental modelling approach. The use of multi-agent simulations. In: Blasco, F., Weill, A. (Eds.), Advances in Environmental and Ecological Modelling. Elsevier, Amsterdam, pp. 113–122.

Bovet P. 2009. Ecoquartiers en Europe. Ma ville, ma planète (Collecion). Terre Vivante Editions. 140 p.

Carter T, Fowler L, 2008. Establishing green roof infrastructure through environmental policy instruments. Environmental Management. 42: 151-164.

CBD - Convention on Biological Diversity 2007. Cities and Biodiversity Engaging Local Authorities in the Implementation of the Convention on Biological Diversity. UNEP/CBD/COP/9/INF/10, 18 December 2007.

Dearborn DC, Kark S. 2009. Motivations for conserving urban biodiversity. Conservation Biology. 24: 432-440.

Depaepe F. Biodiversité chez ASF / VINCI Autoroutes. Etat des lieux, contexte et savoir-faire. 03/10/12. Université de la Chaire d'Eco-conception, 2 et 3 octobre 2012, Abbaye des Vaux de Cernay. http://www.chaire-eco-conception.org/fr/content/82-universite-de-la-chaire

Djellouli Y, Emelianoff C, Bennasr A, Chevalier J (dir). 2010. L'étalement urbain : un processus incontrôlable ? Presses Universitaires de Rennes, Collection Espaces et Territoires. 258 p.

Ecosphère. Diagnostic écologique du territoire du SAN Val Maubuée - Tome1 : Etudes. Avril 2010.

EEA (European Eenvironment Agency). 2006. Urban sprawl in Europe. The Ignored challenge. Copenhagen, European Commission.

Etienne M. 2003. SYLVOPAST a multiple target role-playing game to assess negotiation processes in sylvopastoral management planning. Journal of Artificial Societies and Social Simulations. 6: 2.

Etienne M. 2006. La modélisation d'accompagnement : un outil de dialogue et de concertation dans les réserves de biosphère. Dans Bouamrane, M. (ed.). 2006 Biodiversité et acteurs : des itinéraires de concertation. Réserves de biosphère - Notes techniques 1 - 2006 UNESCO, Paris, pp 44-52.

Gedge D, Kadas G. 2005. Green roofs and biodiversity. Biologist. 52: 161-169.

Getter KL, Rowe BD. 2006. The role of green roofs in sustainable development. HortScience 41, 1276-1286.

Godefroid S, Koedam N. 2003. Identifying indicator plant species of habitat quality and invasibility as a guide for peri-urban forest management. Biodiversity and Conservation. 12: 1699-1713.

Halberg N, Sillebak Kristensen I. 1997. Expected Crop Yield Loss When Converting to Organic Dairy Farming. Denmark. Biological Agriculture and Horticulture. 14: 25-41.

Heikkinen RK, Luoto M, Leikola N, Pöyry J, Settele J, Kudrna O, Marmion M, Fronzek S, Thuiller W. 2010. Assessing the vulnerability of European butterflies to climate change using multiple criteria. Biodiversity and Conservation. 19: 695-723.

Henry A, Frascaria-Lacoste N. 2012a. The green roof dilemma – Discussion of Francis and Lorimer (2011). Journal of Environmental Management. 104: 91-92.

Henry A, Frascaria-Lacoste N. 2012b. Comparing green structures using life cycle assessment: a potential risk for urban biodiversity homogenization? International Journal of Life Cycle Assessment.. 17: 949-950.

Henry A, Roger-Estrade J, Frascaria-Lacoste N. The eco-district concept: effective for promoting urban biodiversity? under review in Landscape and Urban Planning.

Henry A, Frascaria-Lacoste N. Biodiversity in decision-making for urban planning: Need for new improved tools. under review in Land Use Policy.

Hermy M, Cornelis J, 2000. Towards a monitoring method and a number of multifaceted and hierarchical biodiversity indicators for urban and suburban parks. Landscape and Urban Planning. 49: 149-162.

Hobbs RJ, Arico S, Aronson J, Baron JS, Bridgewater P, Cramer VA, Epstein PR, Ewel JJ, Klink CA, Lugo AE, Norton D, Ojima D, Richardson DM, Sanderson EW, Valladares F, Vila M, Zamora R, Zobel M. 2006. Novel ecosystems. Theoretical and management aspects of the new ecological world order. Global Ecology and Biogeography. 15: 1-7.

Holling CS. 1978. Adaptive Environmental Assessment and Management. John Wiley. London.

Hope D, Gries C, Zhu W, Fagan WF, Redman CL, Grimm NB, Nelson AL, Martin C, Kinsig A. 2003. Socioeconomics drive urban plant diversity. Proceedings of the National Academy of Sciences of the United States of America. 100: 8788-8792.

Hopkins T, Horan B. 1995 Smalltalk: an introduction to application development using VisualWorks. Prentice Hall International (UK) Ltd. Hertfordshire, UK. 400 p.

Houdet J. 2008. Intégrer la Biodiversité dans les stratégies des entreprises : Le Bilan Biodiversité des organisations. FRB. Paris : Orée. 393p.

Julliard R, Clavel J, Devictor V, Jiguet F, Couvet D. 2006. Spatial segregation of specialists and generalists in bird communities. Ecology letters. 9: 1237-1244.

Klein L. 2009. A Phenomenological Interpretation of Biomimicry in Two Sustainable Designs. EDRA 40 The Ethical Design of Places, pp.39-47.

Knapp S, Kühn I, Schweiger O, Klotz S. 2008. Challenging urban species diversity: contrasting phylogenetic patterns across plant functional groups in Germany. Ecology Letters. 11: 1054-1064.

Kühn I, Brandl R, Klotz S. 2004. The flora of German Cities is naturally species rich. Evolutionary Ecology Research. 6: 749-764.

Le Page C, Becu N, Bommel P, Bousquet F. 2012. Participatory Agent-Based Simulation for Renewable Resource Management: The Role of the Cormas

Simulation Platform to Nurture a Community of Practice. Journal of Artificial Societies and Social Simulation. 15: 10.

Lifran R, Hofstetter A, Bommel P. 2003. Politiques publiques et dynamique des paysages: analyse de leurs rapports par un modèle multi-agents spatialisés. Politiques publiques et dynamiques des paysages au sud du Massif central. R. Lifran. Montpellier, INRA, UMR LAMETA: 110-164.

MacDougall AS, Gilbert B, Levine JM. 2009. Plant invasions and the niche. Journal of Ecology. 97: 609-615.

Maeder P, Fliessbach A, Dubois D, Gunst L, Fried P, Niggli U. 2002. Soil Fertility and Biodiversity in Organic Farming. Science. 296: 1694-1697.

Müller N, Werner P. 2010. Urban biodiversity and the case for implementing the convention of biological diversity in towns and cities, in. Müller N, Werner P and Keley JG (Ed.). Urban Biodiversity and Design, Wiley-Blackwell, 3-33.

Natureparif. 2011. Entreprises, relevez le défi de la biodiversité. Un guide collectif à l'usage des acteurs du monde économique. Victoires éditions. 142p.

Natureparif. 2012. Bâtir en favorisant la biodiversité. Un guide collectif à l'usage des professionnels publics et privés de la filière du bâtiment. Victoires éditions. 205p.

Natureparif & ANVL, 2009. Guide de gestion différenciée à l'usage des collectivités. 159p.

Niemelä J, 1999. Ecology and urban planning. Biodiversity and Conservation. 8: 119-131.

Noos FR, Cline SP, Csuti B, Scott JM. 1992. Monitoring and assessing biodiversity. In : Lykke E (Ed), Achieving Environmental Goals, the Concept of Pratice of Environmental Performance Review. Belhaven Press, London, pp. 67-85.

Oberndorfer E, Lundholm J, Bass B, Coffman R, Doshi H, Dunnett N, Gaffin S, Kohler M, Liu K, Rowe B. 2007. Green roofs as urban ecosystems: ecological structures, functions and services. BioScience. 57: 823–833.

Peet RK. 1974. The measurement of species diversity. Annual Review of Ecology and Systematics. 5: 285-307.

Piélou EC. 1966. Measurement of diversity in different types of biological collections. Journal of Theoretical Biology. 13: 131-144.

Pupin V. 2008. Les approches patrimoniales au regard de la question de la prise en charge du monde. Thèse en sciences politiques et stratégies patrimoniales. Institut des Sciences et Industries du Vivant et de l'Environnement. AgroParisTech.

Rougier JE, Dionnet M, Leteurtre E. 2011. GardAuFeu. Secteur Alès, Le Vigan. Rapport d'évaluation du projet. Version diffusable du 05/12/2011. Lisode, lien social et décision. Montpellier, France.

Shannon CE. 1948. A mathematical theory of communication. The Bell System Technical Journal. 27: 379-423 and 623-656.

Souami T. 2011. Ecoquartiers : secrets de fabrication : Analyse critique d'exemples européens. Modes de ville (Collection). Carnets de l'Info (Ed.). 207 p.

Tews J, Brose U, Grimm V, Tielbörger K, Wichmann MC, Schwager M, Jeltsch F. (2004), Animal species diversity driven by habitat heterogeneity/diversity: the importance of keystone structures. Journal of Biogeography. 31: 79–92. doi: 10.1046/j.0305-0270.2003.00994.x

Williams JW, Jackson ST. 2007. Novel climates, no-analog communities and ecological surprises. Front. Ecol. Environ. 5: 475-482.

Wittig R. 2010. Biodiversity of urban-industrial areas and its evaluation – an introduction, in Müller N, Werner P, Keley JG (Eds), Urban Biodiversity and Design, Wiley-Blackwell, pp. 37-56.

Annexes :

Annexe 1 : Liste des habitats. (en vert : « élément vert » ; en gris : « élément gris »)

1. Eléments surfaciques
1.1. Peuplement forestier : unité composée par une végétation forestière plus ou moins naturelle
1.1.1. Forêt de feuillus : peuplement forestier d'arbres à feuilles caduques
1.1.1.1. Taillis : peuplement forestier de bosquets régulièrement taillés (1)
1.1.1.2. Taillis sous futaie : peuplement forestier d'arbres régulièrement coupés et d'arbres hauts (2)
1.1.1.3. Forêt de parc : peuplement forestier d'arbres isolés avec un sous-bois ligneux (3)
1.1.1.4. Futaie régulière feuillue : peuplement forestier régulier d'arbres décidus hauts (4)
1.1.2. Forêt de conifères : peuplement forestier de conifères (5)
1.1.3. Forêt mixte : peuplement forestier de décidus et de conifères (6)
1.2. Plantation : unité composée d'arbres plantés
1.2.1. Verger : unité close et plantée d'arbres fruitiers (7)
1.2.2. Prairie arborée : prairie plantée d'arbres forestiers (8)
1.2.3. Galerie d'arbres : plantation linéaire d'arbres sans sous-bois (9)
1.2.4. Arboretum : plantation de différentes espèces d'arbres avec une fonction éducative (10)
1.2.5. Plantation forestière : plantation d'arbres forestiers (<3 m) (11)
1.3. Labyrinthe : unité composée de haies denses en forme de labyrinthe (12)
1.4. Plantation d'arbustes : unité composée d'arbustes (13)
1.5. Prairie : unité composée d'espèces herbacées
1.5.1. Pelouse : prairie souvent fauchée (14)
1.5.2. Terrain de sport : prairie fréquemment fauchée utilisée comme terrain de sport (15)
1.5.3. Prairie de fauche : prairie utilisée pour faire du foin (16)
1.5.4. Pâturage : prairie pâturée par les animaux (17)
1.5.5. Foin-pâturage : prairie pâturée après fenaison (18)
1.6. Végétation d'herbacées hautes : unité composée d'herbes sauvages, dont les roseaux (19)
1.7. Lande à bruyère : unité composée de bruyères (20)
1.8. Zone agricole : unité composée de cultures arables (21)
1.9. Jachère : unité temporaire composée d'une terre en friche (22)
1.10. Jardin : unité fermée composée de légumes, de fruits ou de plantes ornementales
1.10.1. Potager : jardin composé de légumes et de fruits (23)
1.10.2. Jardin d'herbes aromatiques : jardin composé de plantes médicinales (24)
1.10.3. Roseraie : jardin composé de roses (25)
1.10.4. Jardin d'agrément : jardin composé d'autres plantes ornementales (26)
1.11. Plantations ornementales : unité non fermée composée de plantes ornementales (27)
1.12. Pièce d'eau : unité composée d'eau
1.12.1. Douves : élément aquatique autour d'un bâtiment historique (28)
1.12.2. Etang : pièce d'eau sans bâtiment (29)
   1.13. Bâtiment : unité composée de bâtiments, incluant l'espace restreint entre les bâtiments (30)
1.14. Parking : unité composée de places de stationnement pour les véhicules

1.14.1. Semi perméable : parking avec un revêtement qui n'est pas complètement étanche (31)
1.14.2. Perméable : parking sans revêtement étanche (32)
1.15. Terrain de sport semi-perméable ou imperméable (courts de tennis, stades en dur...) (33)
1.16. Toiture végétalisée (34)
2. Eléments linéaires
2.1. Allée : double rangée d'arbres, incluant les accotements (35)
2.2. Rangée d'arbres : rangée d'arbres (36)
2.3. Haie : végétation linéaire ligneuse
2.3.1. Haie coupée : haie qui est régulièrement coupée (37)
2.3.2. Haie non-coupée : haie qui n'est pas régulièrement coupée (38)
2.3.3. Talus végétalisé : haie sur un talus artificiel (39)
2.4. Bord de route : bande non goudronnée le long d'une route (40)
2.5. Berge : bande de terre de chaque côté d'un plan d'eau ou un cours d'eau
2.5.1. Berge d'un plan d'eau : berge de douve ou d'étang
2.5.1.1. Naturelle : berge non consolidée par l'homme (41)
2.5.1.2. Semi-naturelle : berge consolidée par l'homme où la végétation est toujours possible (42)
2.5.2. Berge d'un cours d'eau : berge d'un fossé, d'un ruisseau ou d'une rivière
2.5.2.1. Naturelle : berge non consolidée par l'homme (43)
2.5.2.2. Semi-naturelle : berge consolidée par l'homme où la végétation est toujours possible (44)
2.6. Cours d'eau : élément linéaire utilisé pour l'évacuation des eaux
2.6.1. Noue : fossé d'une largeur de max. 1 m qui peut contenir de l'eau (45)
2.6.2. Ruisseau : cours d'eau d'une largeur de max. 3 m qui contient toujours de l'eau (46)
2.6.3. Rivière : cours d'eau avec une largeur supérieure à 3 m (47)
2.7. Infrastructure routière : bande utilisée pour et préparée pour les piétons et le trafic routier
2.7.1. Route : infrastructure routière d'un largeur supérieure à 2m
2.7.1.1. Semi perméable : route avec un revêtement qui n'est pas complètement étanche (48)
  2.7.1.2. Perméable : route sans revêtement étanche (49)
2.7.2. Route « enfoncée » : infrastructure routière « enfoncée » et les talus latéraux (50)
2.7.3. Chemin : infrastructure routière d'une largeur inférieure à 2m:
2.7.3.1. Semi perméable : chemin avec un revêtement qui n'est pas complètement étanche (51)
2.7.3.2. Perméable : chemin sans revêtement étanche (52)
2.8. Mur : maçonnerie linéaire utilisée comme clôture (53)
2.9. Mur végétalisé (54)

3. Eléments ponctuels
3.1. Arbre ou arbuste isolé : arbre ou arbuste qui n'est pas entouré par d'autres arbres ou arbustes (55)
   3.2. Mare : petit plan d'eau stagnante peu profond et inférieur à 100 m^2 (56)
   3.3. Glacière : bâtiment où la glace était conservée (57)
   3.4. Tumulus : monticule de pierres et de terre (58)
3.5. Élément d'infrastructure: construction humaine (puits, fontaine, kiosque, chapelle, monument, statue, pont, volière, ...) (59)

Annexe 2 : Liste des papillons issue du Diagnostic écologique du territoire du SAN du Val Maubuée – TOME 1 de ECOSPHERE, avril 2010.

Evaluation de la rareté régionale		Bilan des espèces fréquentant le site
ESPECES PROTEGEES (PN)	- espèces Protégées Nationales (Arr. du 22.07.93) - espèces inscrites à la Directive "Habitats" (Annexe 2 ou 4), - espèces inscrites à la Convention de Berne (Annexe II),	0 PN
ESPECES RARES (R)	- espèces a priori non revues en Ile-de-France après 1970 = NRR (Non Revues Récemment), - espèces inscrites sur la Liste Rouge de la Faune menacée en France : ED = En Danger ; VUL = Vulnérables ; R = Rares, - espèces déterminantes de ZNIEFF en Ile-de-France (espèces très localisées, avec des effectifs faibles à très faibles).	8 R
ESPECES PEU COMMUNES (PC)	- espèces déterminantes de ZNIEFF en Ile-de-France (espèces à répartition limitée, absentes de certains départements franciliens, peu communes dans d'autres). - espèces liées à des types de milieux reliques ou peu fréquents en Ile-de-France : tourbières, coteaux calcaires…,	13 PC
ESPECES COMMUNES (C)	- espèces ne bénéficiant d'aucun statut de protection particulier du fait de leur large distribution. - espèces ubiquistes (capables de peupler un grand nombre de types de milieux de diverse qualité). - espèces à populations abondantes sur l'ensemble de la région IDF.	20 C
	BILAN	41 espèces

FAMILLES	Nom français	Nom scientifique	Rareté régionale	Espèces déterminantes de ZNIEFF [1]	Protection Nationale[2]/Régionale[6]	Remarques
HESPERIIDAE	Grisette	Carcharodus alceae	R	X		Contactée à l'unité à Emerainville en 2009
HESPERIIDAE	Hespérie de la Mauve	Pyrgus malvae	PC			Contacté à l'unité à Croisi-Beaubourg (Lamirault) en 2009
HESPERIIDAE	Sylvaine *	Ochlodes venatus	C			
LYCAENIDAE	Argus bleu	Polyommatus icarus	C			
LYCAENIDAE	Argus frêle *	Cupido minimus	R	X		
LYCAENIDAE	Azuré bleu céleste *	Polyommatus bellargus	PC			
LYCAENIDAE	Azuré de l'Ajonc *	Plebejus argus	PC	X		
LYCAENIDAE	Azuré des Anthyllides *	Cyaniris semiargus	R (NRR)	X		
LYCAENIDAE	Collier-de-corail	Aricia agestis	C			
LYCAENIDAE	Cuivré commun	Lycaena phlaeas	C			
LYCAENIDAE	Thécla de la Ronce	Callophrys rubi	PC			
LYCAENIDAE	Thécla du Bouleau *	Thecla betulae	R	X		http://pagesperso-orange.fr/renard-nature-environnement/BiotopeElgBbg.htm
LYCAENIDAE	Thécla du Chêne *	Neozephyrus quercus	PC			
LYCAENIDAE	Thécla du Coudrier	Satyrium pruni	PC	X		Contacté à Croissy-Beaubourg (Lamirault) et Emerainville (Celie) en 2009
LYCAENIDAE	Thécla du Prunellier *	Strymonidia spini	R			
NYMPHALIDAE	Amaryllis	Pyronia tithonus	C			
NYMPHALIDAE	Carte géographique	Araschnia levana	C			
NYMPHALIDAE	Demi-deuil	Melanargia galathea	PC	X		
NYMPHALIDAE	Fadet commun	Coenonympha pamphilus	C			
NYMPHALIDAE	Grand Mars changeant *	Apatura iris	R	X		
NYMPHALIDAE	Grand Sylvain *	Limenitis populi	PR (R)	X	PR	
NYMPHALIDAE	Grande Tortue *	Nymphalis polychloros	PR (R)	X	PR	
NYMPHALIDAE	Mégère, Satyre	Lasiommata megera	C			
NYMPHALIDAE	Myrtil	Maniola jurtina	C			
NYMPHALIDAE	Némusien, Ariane *	Lasiommata maera	PC			
NYMPHALIDAE	Paon du jour	Inachis io	C			
NYMPHALIDAE	Petit Mars changeant	Apatura ilia	PC	X		
NYMPHALIDAE	Petit Sylvain	Ladoga camilla	PC			
NYMPHALIDAE	Petite Tortue *	Aglais urticae	PC			
NYMPHALIDAE	Robert-le-Diable	Polygonia c-album	C			
NYMPHALIDAE	Tircis	Pararge aegeria	C			
NYMPHALIDAE	Tristan	Aphantopus hyperantus	C			
NYMPHALIDAE	Vanesse des Chardons	Cynthia cardui	C			
NYMPHALIDAE	Vulcain	Vanessa atalanta	C			
PAPILIONIDAE	Machaon *	Papilio machaon	PC			
PIERIDAE	Aurore	Anthocharis cardamines	C			
PIERIDAE	Citron	Gonepteryx rhamni	C			
PIERIDAE	Piéride de la Rave	Pieris rapae	C			
PIERIDAE	Piéride du Chou	Pieris brassicae	C			
PIERIDAE	Piéride du Navet	Pieris napi	C			
PIERIDAE	Souci	Colias crocea	PC			

* données bibliographiques

Annexe 3 : Liste des amphibiens issue du Diagnostic écologique du territoire du SAN du Val Maubuée – TOME 1 de ECOSPHERE, avril 2010.

Evaluation de la rareté régionale D'après l'Atlas de répartition des Amphibiens et Reptiles de France – S.H.F., 1989				Bilan des espèces fréquentant le site	
				Reptiles	Amphibiens
espèce très rare	TR	1 à 15 % des 34 cartes IGN au 1/50 000		0	0
espèce rare	R	15 à 30 %	"	0	1
espèce assez rare	AR	30 à 45 %	"	1	3
espèce assez commune	AC	45 à 55 %	"	0	4
espèce commune	C	55 à 70 %	"	0	2
espèce très commune	TC	70 à 100 %	"	1	2
espèce introduite	INT	-		0	1
			BILAN =	2	13

Nom français	Nom scientifique	Rareté régionale	Espèces déterminantes de ZNIEFF [1]	Protection nationale [2]	Liste rouge nationale [3]	Directive "Habitats" [4]	Remarques
Alyte accoucheur *	Alytes obstetricans	AC		PN ind + hab	Préoccupation mineure	Ann 4	http://pagesperso-orange.fr/renard-nature-environnement/BiotopeEtgBbg.htm
Crapaud calamite **	Bufo calamita	AR	X	PN ind + hab	Préoccupation mineure	Ann 4	Habitat disparu à Croissy-Beaubourg
Crapaud commun	Bufo bufo	C		PN ind	Préoccupation mineure		
Grenouille agile	Rana dalmatina	TC		PN ind + hab	Préoccupation mineure	Ann 4	
Grenouille rieuse	Rana ridibunda	INT		PN ind	Préoccupation mineure		
Grenouille rousse	Rana temporaria	AC			Préoccupation mineure		
Grenouille verte	Rana kl. Esculenta	TC			Préoccupation mineure		
Rainette verte *	Hyla arborea	AR	X (sites non forestiers)	PN ind + hab	Préoccupation mineure	Ann 4	Donnée issue du transport d'individus à la migration prénuptiale à Croissy-Beaubourg (RENARD)
Salamandre tachetée **	Salamandra salamandra	AR		PN ind	Préoccupation mineure		Donnée issue de Croissy-Beaubourg
Triton alpestre	Triturus alpestris	R	X	PN ind	Préoccupation mineure		Densité importante sur la commune d'Emerainville (forêt de Célie)
Triton crêté	Triturus cristatus	AC		PN ind + hab	Préoccupation mineure	Ann 2 et 4	Densités importantes relevées à Torcy (golf) et présence notable à Emerainville, Lognes et Croissy-Beaubourg
Triton palmé	Triturus helveticus	C		PN ind	Préoccupation mineure		
Triton ponctué	Triturus vulgaris	AC		PN ind	Préoccupation mineure		

* données bibliographiques
** espèce non revue récemment, présence et localisation à actualiser

Annexe 4 : Liste des oiseaux nicheurs issue du *Diagnostic écologique du territoire du SAN du Val Maubuée – TOME 1* de ECOSPHERE, avril 2010.

Évaluation de la rareté des espèces nicheuses de la région Ile-de-France (basée sur l'estimation du nombre de couples nicheurs)		Rareté des espèces nicheuses
Degrés de rareté	Classes en Ile-de-France	Territoire du Val Maubuée
OCC (occasionnelle)	espèces nicheuses occasionnelles	0
TR (très rare)	1 à 20 couples nicheurs en Ile-de-France	2
R (rare)	21 à 100 couples en IDF	4
AR (assez rare)	101 à 500 couples en IDF	14
AC (assez commune)	501 à 2000 couples en IDF	11
C (commune)	2 001 à 20 000 couples en IDF	32
TC (très commune)	plus de 20 000 couples en IDF	27
INT (introduite)	espèces nicheuses introduites	5
	BILAN =	96 espèces

Nom français	Nom scientifique	Rareté régionale	Espèces déterminantes de ZNIEFF [1]	Protection nationale [2]	Liste rouge nationale UICN 2008 [3]	Directive « Oiseaux » [4]	Remarques
Accenteur mouchet	*Prunella modularis*	TC		X	Préoccupation mineure		
Alouette des champs	*Alauda arvensis*	TC			Préoccupation mineure		
Bécasse des bois *	*Scolopax rusticola*	R	X		Préoccupation mineure		Donnée bibliographique au sein de la forêt de Célie, Emerainville
Bergeronnette des ruisseaux	*Motacilla cinerea*	AR	X (5 couples)	X	Préoccupation mineure		Plusieurs couples nicheurs notés au niveau d'infrastructures hydrauliques d'étangs (exutoires) : Champs-sur-Marne, Croissy-Beaubourg
Bergeronnette grise	*Motacilla alba*	C		X	Préoccupation mineure		
Bergeronnette printanière	*Motacilla flava*	C		X	Préoccupation mineure		
Bernache du Canada	*Branta canadensis*	INT			Non applicable (introduite)		
Blongios nain *	*Ixobrychus minutus*	TR	X	X	Quasi menacé	Annexe I	Nicheur régulier depuis 1990 sur plusieurs étangs de Croissy-Beaubourg (Delapré, com. pers.)
Bondrée apivore *	*Pernis apivorus*	AR	X (10 couples)	X	Préoccupation mineure	Annexe I	Donnée bibliographique des ensembles forestiers de Croissy-Beaubourg (Ferrières, Armainvilliers...)
Bouscarle de Cetti *	*Cettia cetti*	R	X	X	Préoccupation mineure		Donnée bibliographique de nidification certaine mais irrégulière à Croissy-Beaubourg (Delapré, com. pers.)
Bouvreuil pivoine	*Pyrrhula pyrrhula*	C		X	Vulnérable		
Bruant des roseaux	*Emberiza schoeniclus*	C		X	Préoccupation mineure		nicheur au sein des ceintures hélophytiques de certains étangs, noté également au sein d'une prairie de la pisc de Lamirault, Croissy Beaubourg
Bruant jaune	*Emberiza citrinella*	C		X	Quasi menacé		
Buse variable	*Buteo buteo*	AR		X	Préoccupation mineure		Nicheur régulier à Emerainville, Noisiel et Croissy Beaubourg
Caille des blés	*Coturnix coturnix*	AR			Préoccupation mineure		Nicheuse en 2009 à Croissy-Beaubourg (Pièce de Lamirault)
Canard mandarin		INT					
Canard colvert	*Anas platyrhynchos*	C			Préoccupation mineure		
Chardonneret élégant	*Carduelis carduelis*	C		X	Préoccupation mineure		
Choucas des tours	*Corvus monedula*	C		X	Préoccupation mineure		
Chouette hulotte	*Strix aluco*	C		X	Préoccupation mineure		
Corbeau freux	*Corvus frugilegus*	C			Préoccupation mineure		
Corneille noire	*Corvus corone*	C			Préoccupation mineure		
Coucou gris	*Cuculus canorus*	C		X	Préoccupation mineure		
Cygne tuberculé	*Cygnus olor*	INT		X	Non applicable (introduite)		
Effraie des clochers *	*Tyto alba*	AR	X	X	Préoccupation mineure		Donnée bibliographique d'un couple nichant à Croissy-Beaubourg (Renard, Lamirault)
Epervier d'Europe	*Accipiter nisus*	AR		X	Préoccupation mineure		Nicheur probable en forêt de Célie, Emerainville
Etourneau sansonnet	*Sturnus vulgaris*	TC			Préoccupation mineure		
Faisan de Colchide	*Phasianus colchicus*	INT			Préoccupation mineure		
Faucon crécerelle	*Falco tinnunculus*	C		X	Préoccupation mineure		
Faucon hobereau	*Falco subbuteo*	R	X	X	Préoccupation mineure		Nicheur probable à Croissy-Beaubourg en 2009
Fauvette à tête noire	*Sylvia atricapilla*	TC		X	Préoccupation mineure		
Fauvette babillarde	*Sylvia curruca*	AR		X	Préoccupation mineure		Nicheur en 2009 à Torcy et Croissy-Beaubourg
Fauvette des jardins	*Sylvia borin*	TC		X	Préoccupation mineure		
Fauvette grisette	*Sylvia communis*	TC		X	Quasi menacé		

Nom français	Nom scientifique	Rareté régionale	Espèces déterminantes de ZNIEFF [1]	Protection nationale [2]	Liste rouge nationale UICN 2008 [3]	Directive « Oiseaux » [4]	Remarques
Foulque macroule	Fulica atra	AC			Préoccupation mineure		Plusieurs couples nicheurs sur les étangs du SAN
Fuligule milouin *	Aythya ferina	TR	X		Préoccupation mineure		Nicheur irrégulier à Croissy-Beaubourg (Delapré, com. pers.)
Gallinule poule d'eau	Gallinula chloropus	C			Préoccupation mineure		
Geai des chênes	Garrulus glandarius	C			Préoccupation mineure		
Gobemouche gris	Muscicapa striata	C		X	Vulnérable		
Grèbe castagneux *	Tachybaptus ruficollis	AR	X		Préoccupation mineure		Nicheur régulier à Croissy-Beaubourg (Delapré, com. pers.)
Grèbe huppé	Podiceps cristatus	AC	X		Préoccupation mineure		Plusieurs couples nicheurs sur les étangs du SAN
Grimpereau des jardins	Certhia brachydactyla	TC		X	Préoccupation mineure		
Grive draine	Turdus viscivorus	C			Préoccupation mineure		
Grive musicienne	Turdus philomelos	TC			Préoccupation mineure		
Grosbec casse noyaux	Coccothraustes coccothraustes	AC		X	Préoccupation mineure		Nicheur probable en forêt de Célie, Emerainville ainsi qu'à Ferrières
Héron cendré *	Ardea cinerea	AR		X	Préoccupation mineure		Nicheur irrégulier à Croissy-Beaubourg (Delapré, com. pers.)
Hibou moyen-duc *	Asio otus	AR		X	Préoccupation mineure		Donnée bibliographique à Croissy-Beaubourg (Renard)
Hirondelle de fenêtre	Delichon urbica	TC		X	Préoccupation mineure		
Hirondelle rustique	Hirundo rustica	TC		X	Préoccupation mineure		
Hypolaïs polyglotte	Hippolais polyglotta	C		X	Préoccupation mineure		
Linotte mélodieuse	Carduelis cannabina	C		X	Vulnérable		
Locustelle tachetée	Locustella naevia	AC		X	Préoccupation mineure		Nicheur en 2009 à Croissy-Beaubourg (Pièce de Lamirault)
Loriot d'Europe *	Oriolus oriolus	AC		X	Préoccupation mineure		Nicheur irrégulier à Croissy-Beaubourg et Emerainville
Martinet noir	Apus apus	TC		X	Préoccupation mineure		
Martin-pêcheur d'Europe *	Alcedo atthis	AR	X (5 couples)	X	Préoccupation mineure	Annexe I	Donnée bibliographique d'un couple nichant à Croissy-Beaubourg (Delapré, com. pers.) et Torcy (Barth., com. pers.)
Merle noir	Turdus merula	TC			Préoccupation mineure		
Mésange à longue queue	Aegithalos caudatus	TC		X	Préoccupation mineure		
Mésange bleue	Parus caeruleus	TC		X	Préoccupation mineure		
Mésange boréale *	Parus montanus	C		X	Préoccupation mineure		
Mésange charbonnière	Parus major	TC		X	Préoccupation mineure		
Mésange huppée *	Parus cristatus	C		X	Préoccupation mineure		
Mésange nonnette	Parus palustris	TC		X	Préoccupation mineure		
Moineau domestique	Passer domesticus	TC		x	Préoccupation mineure		
Perdrix grise	Perdix perdix	TC			Préoccupation mineure		
Perdrix rouge	Alectoris rufa	INT			Préoccupation mineure		
Phragmite des joncs *	Acrocephalus schoenobaenus	R	X	X	Préoccupation mineure		
Pic épeiche	Dendrocopos major	C		X	Préoccupation mineure		
Pic épeichette	Dendrocopos minor	C		X	Préoccupation mineure		
Pic mar *	Dendrocopos medius	AC	X (30 couples)	X	Préoccupation mineure	Annexe I	Nicheur récent à Croissy-Beaubourg (parc de Croissy et Beaubourg) depuis 2008 (Delapré, com. pers.)

Nom français	Nom scientifique	Rareté régionale	Espèces déterminantes de ZNIEFF [1]	Protection nationale [2]	Liste rouge nationale UICN 2008 [3]	Directive « Oiseaux » [4]	Remarques
Pic noir	Dryocopus martius	AR	X (10 couples)	X	Préoccupation mineure	Annexe I	Plusieurs couples nicheurs à Emrainvile (forêt de Célie), Champs-sur-Marne (bois de la Grange), Croissy-Beaubourg (parc de Beaubourg)
Pic vert	Picus viridis	C		X	Préoccupation mineure		
Pie bavarde	Pica pica	TC			Préoccupation mineure		
Pigeon biset "sauvage"	Columba livia				En danger		
Pigeon colombin	Columba oenas	AC			Préoccupation mineure		Nicheur à Croissy-Beaubour en 2009 (Lamirault)
Pigeon ramier	Columba palumbus	TC			Préoccupation mineure		
Pinson des arbres	Fringilla coelebs	TC		X	Préoccupation mineure		
Pipit des arbres	Anthus trivialis	C		X	Préoccupation mineure		
Pipit farlouse	Anthus pratensis	AC		X	Vulnérable		Plusieurs couples nicheurs en 2009 à Emerainville (aérodrome) et Croissy-Beaubourg (Lamirault)
Pouillot fitis	Phylloscopus trochilus	C		X	Quasi menacé		
Pouillot véloce	Phylloscopus collybita	TC		X	Préoccupation mineure		
Râle d'eau *	Rallus aquaticus	AR	X (2 couples)		Données insuffisantes		Nicheur régulier à Croissy-Beaubourg (Delapré, com. pers.)
Roitelet huppé	Regulus regulus	C		X	Préoccupation mineure		
Roitelet triple-bandeau	Regulus ignicapillus	AC		X	Préoccupation mineure		Nicheur en 2009 à Croissy-Beaubourg, Champs-sur-Marne et Emerainville
Rossignol philomèle	Luscinia megarhynchos	C		X	Préoccupation mineure		
Rougegorge familier	Erithacus rubecula	TC		X	Préoccupation mineure		
Rougequeue à front blanc *	Phoenicurus phoenicurus	AC	X (25 couples)	X	Préoccupation mineure		Donnée bibliographique de 2001 de couples nicheurs à Emerainville (CORIF)
Rougequeue noir	Phoenicurus ochruros	TC		X	Préoccupation mineure		
Rousserolle effarvate	Acrocephalus scirpaceus	C		X	Préoccupation mineure		
Rousserolle verderolle	Acrocephalus palustris	AR	X (15 couples)	X	Préoccupation mineure		plusieurs couples nicheurs en 2009 à Croissy-Beaubourg (Lamirault) et Torcy (le Couvent)
Serin cini	Serinus serinus	C		X	Préoccupation mineure		
Sittelle torchepot	Sitta europaea	TC		X	Préoccupation mineure		
Tarier pâtre	Saxicola rubicola	AC		X	Préoccupation mineure		Nicheur en 2009 à Croissy-Beaubourg (Lamirault)
Tourterelle des bois	Streptopelia turtur	C			Préoccupation mineure		
Tourterelle turque	Streptopelia decaocto	C			Préoccupation mineure		
Troglodyte mignon	Troglodytes troglodytes	TC		X	Préoccupation mineure		
Verdier d'Europe	Chloris chloris	TC		X	Préoccupation mineure		

* données bibliographiques

Annexe 5 : Article rédigé pour publication dans la Collection
« Droit du patrimoine culturel et naturel » aux Éditions
l'Harmattan, suite à une présentation au colloque « le droit
comparé et international forestier », les 03 et 04 février 2012 à
Sceaux.

Changement Climatique, Biodiversité et

Trames Vertes Urbaines.

Alexandre Henry, Muriel Thomasset et Nathalie Frascaria-Lacoste

Laboratoire Ecologie, Systématique et Evolution (ESE, UMR 8079, Université Paris Sud, CNRS, AgroParisTech)

Bât 360, Université Paris Sud, 91405 Orsay cedex

Introduction

Depuis la dernière décennie, le réchauffement climatique a été mis en évidence par la communauté scientifique, notamment par une augmentation de la température moyenne du globe et une modification des précipitations. Pendant les 100 dernières années, la température moyenne a déjà augmenté d'approximativement 0.6°C (IPCC, 2007) et les différents simulations et scenarios sur le climat futur indiquent que le réchauffement climatique va s'intensifier (GIEC, 2007).

Parallèlement, l'érosion de la biodiversité notamment due à la fragmentation du paysage (Leadley *et al.*, 2010) est considérée comme une menace des plus importantes pesant sur les espaces naturels. Ainsi, un des plus grands défis du XXI siècle réside dans l'urbanisation des paysages ruraux. Les besoins en logements, travail, et loisirs font non seulement d'une part s'agrandir les zones urbaines au détriment des paysages ruraux et des espaces verts mais d'autre part produisent un nombre croissant de structures bâties qui morcellent davantage des régions déjà malmenées par l'expansion des villes. Actuellement la Terre est peuplée de plus de 7 milliards d'Hommes dont la moitié vit en ville (CBD, 2007). En 2050, on estime que la population mondiale atteindra plus de 9 milliards d'Hommes dont plus de 2/3 de citadins. L'expansion urbaine est donc inéluctable. A l'heure où la population urbaine dépasse en nombre la population rurale, et où l'urbanisation se fait galopante, les villes doivent fournir un cadre de vie agréable et répondre aux besoins croissants de nature. De plus, dans le cadre du changement climatique, la connectivité du paysage est fondamentale pour permettre l'adaptation des espèces aux changements du climat. Ainsi, associer les problématiques autour du changement climatique, de l'urbain et de la nature est aujourd'hui devenu une nécessité. Différentes solutions ont vu le jour afin de préserver la biodiversité et de gérer l'adaptation nécessaire face aux changements climatiques reposant notamment sur une ville moins imperméable, une présence plus forte du végétal et de la nature et une meilleure connectivité entre les espaces pour faciliter les échanges nécessaires au maintien des populations.

La question que nous nous sommes posés ici était de savoir si le nouveau cadre réglementaire de la Trame verte et bleue (TVB) pouvait aider à une nouvelle cohérence dans les aménagements urbains à venir. Après une présentation de la biodiversité en ville via les services écosystémiques qu'elle apporte, nous nous sommes penchés sur cette question dans un second temps.

La ville, un espace de biodiversité complexe

La ville est un réseau d'interactions entre des systèmes humains et des systèmes « naturels » par l'utilisation des sols, la production et la consommation. Les systèmes « naturels » sont régis par des processus écologiques tels que la production primaire, les dynamiques des populations, le cycle de la matière organique et des nutriments, et par un régime de perturbations. Les systèmes humains sont régis par des processus sociaux tels que la démographie, l'économie, la culture, les technologies et l'information. Ces processus écologiques et sociaux sont gouvernés par les conditions politiques, économiques et biogéophysiques externes aux systèmes. Ainsi, les villes sont des écosystèmes socio-écologiques (Blanc, 2007).

La ville peut être considérée comme un seul écosystème (Blanc, 2007). Mais d'autres pensent au contraire qu'il s'agit d'un ensemble d'écosystèmes individuels (Bolund et al., 1999). Parmi ces écosystèmes, nous pouvons citer les arbres dans les rues, les pelouses et les parcs, les forêts urbaines, les terres cultivées et les jardins, les zones humides, les friches et décharges, les lacs et les ruisseaux.

Souvent les villes sont considérées comme des « hot spots » de biodiversité car ce sont des réservoirs très riches en espèces comparativement aux zones rurales (Künh et al., 2004). Cette richesse est due au fait que beaucoup de villes se sont développées dans des paysages hétérogènes (Kühn et al., 2004), sont elles-mêmes très structurées (Niemelä, 1999), ont un microclimat permettant l'accès à une gamme d'espèces plus large (Sukopp et al., 1979) et présentent des espèces invasives introduites volontairement ou non.

Malgré cette biodiversité très riche, le taux d'extinction en zones urbaines est relativement élevé (Elmqvist et al., 2008). Cela est dû, d'une part, à la transformation des zones de végétation native en surfaces imperméables mais aussi dû au fait que les populations sont de plus en plus petites et isolées. En effet, cette disparition a lieu lors de la transformation des habitats et aux processus de fragmentation du paysage qui induisent une altération du microclimat, un changement du régime des perturbations, un changement du cycle des nutriments et un changement des dynamiques des populations.

Cette biodiversité urbaine est le reflet de la culture humaine. Depuis le néolithique, l'homme a modifié son environnement en créant des villages, cultivant des plantes et domestiquant des animaux. La composition spécifique a peu à peu été modifiée par des importations de céréales et d'autres espèces de façon intentionnelle ou non qui se sont adaptées à leur nouvel écosystème, s'y sont développées et reproduites, on parle alors de naturalisation. Depuis le XVème siècle et la découverte du Nouveau Monde, il y a eu la rupture d'une barrière biogéographique entre nos continents favorisant ainsi l'arrivée de nouvelles espèces. Enfin, la création de parcs et jardins au cœur des villes depuis très longtemps s'est faite à l'image des cultures des peuples. La biodiversité urbaine a donc un aspect historique et culturel. Il s'agit souvent de la seule biodiversité que beaucoup de gens connaissent. La campagne et la vie sauvage peuvent paraître éloignées de la vie quotidienne des citadins, car distante et difficilement accessible. La nature en ville est donc plus accessible et personnelle. C'est pour cela que la présence de biodiversité en milieu urbain est importante pour la préserver à l'échelle locale mais aussi à l'échelle globale.

Et enfin cette biodiversité urbaine est importante pour le bien-être des populations grâce aux services écosystémiques qu'elle procure.

Les services écosystémiques urbains pour notre bien-être

Les services écosystémiques en ville sont aussi une des raisons majeures de l'utilité de la présence de la biodiversité. Ces nombreux avantages que la nature fournit sont indispensables à la vie de l'Homme. Parmi les plus importants, nous pouvons citer l'épuration de l'air, la régulation du microclimat, la réduction des bruits, le drainage des eaux de pluie et enfin les valeurs culturelles et récréationnelles.

Les transports et les bâtiments sont les principales sources de pollution en ville. La végétation peut réduire la pollution et les particules dans l'air. Mais le niveau de réduction dépend de la situation locale. La capacité de filtrage augmente avec la surface de feuilles. Ainsi un arbre aura une plus grande capacité qu'un buisson et que les herbacées. Les conifères sont plus efficaces que les caducifoliés car la surface foliaire est plus grande. Mais ils sont plus sensibles à la pollution. Deux éléments importants influençant la capacité à filtrer l'air sont la localisation et la structure de la végétation. Un parc sera plus efficace que des arbres dans les rues.

En ville, les températures maximales diurnes et nocturnes sont plus élevées que dans les zones rurales ou forestières avoisinantes et que les températures moyennes régionales. On parle d'effet îlot de chaleur urbain. Pour réduire ces différences de température, tous les écosystèmes naturels sont efficaces, que ce soit des zones végétalisées ou aquatiques. De plus, la présence d'arbres permet en été de procurer de l'ombre, et en hiver de réduire la vitesse du vent.

Les bruits du trafic et d'autres sources peuvent créer des problèmes de santé. Les facteurs clés sont la distance à la source et les propriétés du sol. Les sols végétalisés, tels que les pelouses, buissons et arbres, peuvent décroître le niveau du bruit. Par contre, l'efficacité des types de végétation est encore incertaine.

Une très grande partie de la surface des villes est imperméable. Cela pose problème pour évacuer l'eau lors d'épisodes de pluie intense et d'orages. En effet, le réseau est très vite saturé. Les zones végétalisées permettent de résoudre ce problème, l'eau peut s'y infiltrer et peut être évaporée. Alors que quasiment la totalité de l'eau ruisselle dans les autres zones de la ville, seulement 5 à 15% le font sur les zones végétalisées. De plus ces zones, et en particulier les zones humides, peuvent grâce aux plantes et animaux qui y sont présent, assimiler de grandes quantités de nutriments et permettre aux particules (notamment Azote et Phosphore) de sédimenter.

Enfin, les valeurs culturelles et récréationnelles représentent un des services les plus importants en ville. « *La végétation est essentielle pour obtenir une qualité de vie qui crée une grande ville et qui permet aux gens de vivre une vie raisonnable dans un environnement urbain* » (Botkin & Beveridge, 1997). Les espaces verts ont également une grande importance psychologique, ils diminuent le degré de stress et permettent de recouvrer la santé plus rapidement (Takano *et al.*, 2002).

Si les villes sont peu préoccupées par le changement climatique en tant que tel, quand elles le raisonnent c'est plus en termes d'émission de CO_2, d'économie d'énergie, de compensation, et pas nécessairement en terme d'adaptation. Au fond, le climat (températures élevées et gestion des précipitations) est déjà au centre de leurs préoccupations et ce, depuis longtemps. C'est pourquoi l'incidence réelle de températures encore plus élevées et de régimes de précipitations qui seront pour beaucoup modifiés, n'est pas encore, pour le moment, distinguée et intégrée à la préoccupation ancienne pour laquelle déjà les solutions opérationnelles sont peu évoquées.

La trame verte et bleue dans son rapport entre l'espace urbain et rural

Les planificateurs français ont commencé à intégrer une pensée urbaine plus respectueuse de l'environnement il y a déjà plus d'un siècle. Les modèles de continuité verte et de coupure d'urbanisation datent du début du XXème siècle avec la vision hygiéniste. Depuis les années 1970, avec les avancées scientifiques, les idées de « *greenways* » ont fait leur apparition (Cormier *et al.*, 2010)

En France, avant 2007, un certain nombre d'initiatives locales ont été lancées pour créer ou restaurer le maillage ou réseau écologique. Mais c'est en 2007, lors du Grenelle de l'Environnement que la notion de « Trame vert et bleue » a émergé et a commencé à faire partie des grands projets nationaux portés par le ministère de l'environnement. En 2009, la loi Grenelle I instaure dans le droit français la création de la Trame verte et bleue (Cormier *et al.*, 2010).

La création d'une Trame verte et bleue nationale est en quelque sorte la réponse au grignotage des terres agricoles par une urbanisation discontinue et de faible densité humaine qui a pour conséquence de dégrader les espaces naturels et la biodiversité, surtout les habitats humides composés d'espèces remarquables. Cet étalement urbain a également pour conséquence d'augmenter la pollution, notamment par le rejet des gaz à effet de serre. La fragmentation des habitats est en particulier provoquée par la construction d'infrastructures de transport, telles que les routes, les autoroutes ou les chemins de fer, par la construction d'habitat collectifs hauts qui sont une barrière à la diffusion du pollen et au déplacement des animaux, et par la densification des villes.

La trame verte et bleue appartient à un discours politique tout en s'appuyant sur la matérialité du territoire (forêt, bocage, terres agricoles, etc. selon le contexte propre à chaque territoire). Les fonctions attribuées aux trames vertes et bleues sont multiples : écologiques (biodiversité, puits de carbone), barrières (prévention des risques d'inondation), identités paysagères, récréatives et économiques (bois, tourisme) (Cormier *et al.*, 2010).

Cette notion a de multiples traductions. Pour l'écologue il s'agit d'une lutte contre la perte de biodiversité, avec une vision assez locale; tandis que pour le chercheur en sciences sociales il s'agit plutôt d'une appropriation d'une démarche territorialisée plus globale.

Du point de vue de l'écologue, la trame verte et bleue est un outil d'aménagement du territoire qui vise à (re)constituer un réseau écologique cohérent, à l'échelle du territoire national, pour permettre aux espèces animales et végétales de circuler, de s'alimenter, de se reproduire, de se reposer etc., afin d'assurer la survie des espèces et permettre aux écosystèmes de continuer à rendre des services pour l'Homme. Il s'agit bien ici de la reconquête vers une fonctionnalité écologique (Cormier *et al.*, 2010).

D'une façon générale, la migration des espèces est une façon de s'adapter aux changements du climat. Les trames vertes sont aussi un ensemble d'espèces (vision globale versus biodiversité) en structure, en nombre et en fonction et par cela permettront aussi la migration de ces espèces. L'articulation de cette trame à cette échelle fine entre espace rural et espace urbain est une façon aussi de répondre au changement climatique. Cela sera sans aucun doute un des enjeux fonctionnels de l'avenir.

Néanmoins, si de nombreuses réglementations permettent la protection des trames vertes du plus haut niveau de la hiérarchie des normes au dispositif communal ciblé, la relative profusion d'outils normatifs pour gérer et protéger les trames ne garantit pas leur efficacité sur le terrain, notamment concernant *le passage du global au local*. De nombreux outils juridiques qui relèvent du droit de l'urbanisme, de l'environnement ou du droit rural existent et se télescopent face à une vision «*grenellienne*» qui domine l'échelon national et qui s'intéresse seulement à la trame verte à travers l'angle écologique, alors qu'à l'échelon communal l'importance est donnée au caractère paysager des éléments composants cette même trame (bocage, forêt, etc.) (Cormier *et al.*, 2009). Pour preuve, l'état initial de la biodiversité est rarement intégré dans les PLU.

Conclusion

Des réflexions nouvelles sont nécessaires pour articuler des politiques globales versus locales pour pouvoir agir sur les modes fins de gestion des espaces afin de permettre aux espèces de franchir les barrières urbaines dans leur quête nécessaire de migration.

Il existe un souci juridique, mais aussi de cohérence écologique sur les espèces ciblées, l'idée étant *une articulation plus forte* dans le territoire et dans l'accompagnement au changement, en particulier un changement *de paradigme en ville*. Il existe un réel besoin d'une articulation forte entre espaces ruraux et urbains. Le péri-urbain sera-t-il la clé ? Il existe également un besoin de lien entre les divers acteurs : juristes, politiques, économistes, écologues, géographes pour une meilleure intégration de l'aménagement du territoire pour faire face au changement climatique. Là aussi, un changement est très attendu.

Bibliographie

Bolund, P., Hunhammar, S., 1999. Ecosystem services in urban areas. Ecological Economics. 29, 293-301.

Blanc, N. 2007 Quelle éthique pour l'environnement ? Henk A.M.J. Ten Have, (dir), *Éthiques de l'environnement et politique internationale*, collection éthiques, Éditions UNESCO, 247 p.

CBD - Convention on Biological Diversity 2007. *Cities and Biodiversity Engaging Local Authorities in the Implementation of the Convention on Biological Diversity*. UNEP/CBD/COP/9/INF/10, 18 December 2007.

Cormier, L. & Cracaud, N. 2009. Les trames vertes : discours et/ou matérialité, quelles réalités, Projet de paysages.

Elmqvist, T., Folke, C., Nyström, M., Peterson, G., Bengtsson, J., Walker, B., Norberg, J., 2003. Response diversity, ecosystem change, and resilience, *Frontiers in Ecology and the Environment*. 1, 488–494.

IPCC, 2007: *Climate Change 2007: Impacts, Adaptation and Vulnerability. Contribution of Working Group II to the Fourth Assessment. Report of the Intergovernmental Panel on Climate Change*, M.L. Parry, O.F. Canziani, J.P.

Palutikof, P.J. van der Linden and C.E. Hanson, Eds., Cambridge University Press, Cambridge, UK, 976pp.

Kühn, I., Brandl, R., Klotz, S., 2004. The flora of German Cities is naturally species rich, *Evolutionary Ecology Research*, 6, 749-764.

Leadley P, Pereira HM, Alkemade R, et al. (2010) *Biodiversity Scenarios: Projections of 21st century change in biodiversity and associated ecosystem services:*, Montreal.

Niemelä, J., 1999. Ecology and urban planning. Biodiversity and Conservation, 8, 119-131.

Sukopp H., Blume H.P., Kunick W. 1979. The soil, the flora and vegetation in Berlin wastes lands. Nature in cities (ed by IE Laurie). John Wiley and sons, Chisterster pp 115-131

Takano, T., Nakamura, K., Watanebe, M., 2002. Urban residential environments and senior citizens'longevity in mega city areas: the importance of walkable green spaces, *Journal of epidemiology and Community Health*, 56, 913-918.

Annexe 6 : Article soumis à *Futurible*

Les nouveaux écosystèmes urbains : vers de nouvelles fonctionnalités ?

Alexandre HENRY [1] et Nathalie FRASCARIA-LACOSTE [2]

Introduction

Notre monde s'urbanise toujours plus. Les villes représentent déjà 2% de la surface du globe et consomment à elles seules plus de 75% des ressources naturelles du monde [3]. Aujourd'hui, plus de la moitié de la population mondiale vit en ville [4]. Parallèlement à cela, les constats vont vers une globalisation massive. Celle-ci est particulièrement évidente en Europe et en Amérique du Nord. Elle conduit à une homogénéisation de nos cultures et de notre environnement. Ainsi, aujourd'hui, où que l'on soit, en Europe ou en Amérique, l'environnement urbain est parfaitement similaire d'une ville à l'autre. L'architecture des bâtiments est envisagée dans chaque ville de façon très semblable, le choix des espèces plantées

---

[1] Doctorant au sein de la chaire ParisTech-Vinci « Éco-conception des ensembles bâtis et des infrastructures » à AgroParisTech, Laboratoire Écologie Systématique et Évolution.
[2] Professeur en Écologie Évolutive et Ingénierie Écologique à AgroParisTech, Laboratoire Écologie Systématique et Évolution.
[3] MÜLLER Norbert, WERNER Peter. «Urban biodiversity and the case for implementing the convention of biological diversity in towns and cities ». In MÜLLER Norbert, WERNER Peter, KELEY John G.. *Urban Biodiversity and Design*, Wiley-Blackwell, 2010, pp. 3-33.
[4] Convention on Biological Diversity. Cities and Biodiversity Engaging Local Authorities in the Implementation of the Convention on Biological Diversity. UNEP/CBD/COP/9/INF/10, 18 December 2007.

dans les parcs publics et les jardins est souvent basé sur les mêmes compositions florales, la structure en réseaux des magasins, hôtels et restaurants est organisée sous une même géométrie, dans les restaurants, les menus sont standardisés et dans la rue on parle un langage unique qui est l'anglais [5].

Cette homogénéisation a progressivement supprimé les plantes locales (les perdantes) au détriment d'espèces exotiques plus agressives (les gagnantes), ce que divers auteurs appellent l'homogénéisation biotique [6, 7]. Paradoxalement, en Europe, les villes sont souvent plus riches en espèces que les espaces ruraux [8]. Néanmoins cette richesse spécifique est relative car elle concerne seulement les angiospermes et pour les animaux, essentiellement les oiseaux [9]. Par ailleurs, en ville, du fait de l'homogénéisation biotique, on rencontre des espèces plutôt généralistes que spécialistes (lié aux conditions d'habitats perturbées des villes) [10]. On distingue selon un gradient qui irait des zones rurales vers les centres villes, les « espèces qui évitent la ville » (urban avoiders en anglais), incapables de supporter les perturbations des habitats urbains, les « espèces qui s'adaptent » (« urban

---

[5] IGNATIEVA Maria. « Design and future of urban biodiversity ». In MÜLLER, Norbert, WERNER Peter and KELEY John G., *Urban Biodiversity and Design*, Wiley-Blackwell, 2010, pp.119-144.
[6] MCKINNEY Michael L.. « Urbanization as a major cause of biotic homogenization ». *Biological Conservation*, n° 127, 2006, pp. 247-260.
[7] OLDEN Julian D., POFF N. Leroy, MCKINNEY Michael L.. « Forecasting faunal and floral homogenization associated with human population geography in North America ». *Biological Conservation*, n° 127, 2006, pp. 261-271.
[8] HOPE Diane, GRIES Corinna, ZHU Weixing, FAGAN William F., REDMAN Charles L., GRIMM Nancy B., NELSON Amy L., MARTIN Chris, KINSIG, Ann. « Socioeconomics drive urban plant diversity ». *Proceedings of the National Academy of Sciences of the United States of America*, n° 100, 2003, pp. 8788-8792.
[9] WITTIG Rüdiger. « Biodiversity of urban-industrial areas and its evaluation – an introduction ». In MÜLLER, Norbert, WERNER Peter and KELEY John G.. *Urban Biodiversity and Design*. Wiley-Blackwell, 2010, pp. 37-56.
[10] JULLIARD Romain, CLAVEL Joanne, DEVICTOR Vincent, JIGUET Frédéric, COUVET Denis. « Spatial segregation of specialists and generalists in bird communities ». *Ecology letters*, n° 9, 2006, pp. 1237-1244.

adapters »), qui se trouvent dans des zones intermédiaires de type peri-urbaines (espèces aux frontières de l'urbain) et enfin, les « exploiteurs urbains » (« urban exploiters »), complètement dépendants de l'homme et représentant cette homogénéisation biotique que nous évoquions plus haut [11]. Cette richesse spécifique particulière, même en espèces natives, peut être expliquée par diverses raisons : les villes sont très hétérogènes et très structurées [12, 13] ; les villes ont des températures élevées qui permettent à différentes espèces de coloniser ces espaces [14]. Des espèces exotiques potentiellement invasives sont introduites dans les milieux urbains [15] et s'y échappent aussi pour coloniser hors des villes.

Avec une richesse spécifique qui leur est très particulière, les villes ont développé des écosystèmes profondément modifiés de ceux qui étaient organisés avant l'apparition de l'homme. On les appelle les « nouveaux écosystèmes », les « écosystèmes émergeants » ou les « écosystèmes non-analogues » [16, 17]. Ils comprennent les exploiteurs urbains et se caractérisent par une abondance

---

[11] Voir référence 6.
[12] NIEMELÄ Jari. « Ecology and urban planning ». *Biodiversity and Conservation*, n° 8, 1999, pp. 119-131.
[13] KÜHN Ingolf, BRANDL Roland, KLOTZ Stefan. « The flora of German Cities is naturally species rich ». *Evolutionary Ecology Research*, n° 6, 2004, pp. 749-764).
[14] KNAPP Sonja, KÜHN Ingolf, SCHWEIGER Oliver, KLOTZ Stefan. « Challenging urban species diversity: contrasting phylogenetic patterns across plant functional groups in Germany ». *Ecology Letters,* n° 11, 2008, pp. 1054-1064.
[15] Voir référence 13.
[16] WILLIAMS John W., JACKSON Stephen T.. « Novel climates, no-analog communities and ecological surprises ». *Frontiers in Ecology and the Environment*, n° 5, 2007, pp. 475-482.
[17] HOBBS Richard J., ARICO Salvatore, ARONSON James, BARON Jill S., BRIDGEWATER Peter, CRAMER Viki A., EPSTEIN Paul R., EWEL John J., KLINK Carlos A., LUGO Ariel E., NORTON David, OJIMA Dennis, RICHARDSON David M., SANDERSON Eric W., VALLADARES Fernando, VILA Montserrat, ZAMORA Regino, ZOBEL Martin. « Novel ecosystems. Theoretical and management aspects of the new ecological world order ». *Global Ecology and Biogeography,* n° 15, 2006, pp. 1-7.

d'espèces exotiques et commensales de l'homme souvent trouvées dans des sites très perturbés.

Dans cet article, nous discuterons (i) de l'importance de ces nouveaux écosystèmes rencontrés en terme d'adaptabilité et durabilité, de la nécessité certaine d'une évaluation des services qu'ils rendent déjà potentiellement, et (ii) du rôle fondamental qu'ils peuvent jouer en ville, comme de véritables ateliers pédagogiques posant les bases d'une relecture fonctionnelle urbaine.

Les nouveaux écosystèmes ou comment réinvestir autrement

Le développement d'écosystèmes qui diffèrent dans leurs compositions et/ou dans leurs fonctions, aujourd'hui comparativement à hier, est reconnu comme une conséquence inévitable de l'action de l'homme dans l'usage des terres et espaces. Ces nouveaux systèmes vivants ont souvent été, au départ, associés aux espèces invasives ou à l'impact du changement climatique sur les nouvelles répartitions et associations d'espèces observées. Aujourd'hui, la vision élargie de cette notion réfère à une association et une abondance d'espèces qui ne se sont jamais produites auparavant à l'intérieur d'un certain biome. Les caractéristiques clefs de ces écosystèmes sont l'émergence (i) de nouvelles combinaisons d'espèces présentant un potentiel pouvant changer le fonctionnement de l'écosystème, (ii) d'un agencement humain inédit résultant d'actions délibérées ou non [18]. L'analyse approfondie de ces nouvelles associations peut, dans certains cas, être d'un grand

---
[18] Voir référence 17.

bénéfice pour les services rendus et nécessite une attention nouvelle plutôt qu'une tentative d'éradication systématique en général infructueuse. Les questions posées souvent associées doivent être : (1) ce nouvel écosystème est-il capable d'évoluer le long d'une trajectoire ? (2) est-il résistant et résilient ? (3) produit-il des biens et services écosystémiques ? (4) produit-il des opportunités permettant un engagement humain individuel ou collectif quant à sa gestion ? [19].

Les écosystèmes en ville : peut-on parler de nouveaux écosystèmes ?

La ville étant un lieu d'artificialité extrême, il est très difficile de définir ce qu'est la biodiversité dans un tel contexte. La biodiversité urbaine est profondément déterminée par l'organisation, la planification et la gestion de l'environnement bâti, lui-même influencé par des valeurs économiques, sociales et culturelles. Cette biodiversité est complexe, résultat de l'assemblage d'espèces issues de l'horticulture mais aussi d'espèces ayant migré spontanément de leurs habitats naturels vers les villes, comme les merles par exemple, ou encore d'espèces issues d'hybridations naturelles entre espèces natives et introduites dans le contexte urbain. Par ailleurs, la composition des espèces est très controversée, particulièrement en regard des espèces exotiques qui y ont été introduites et qui dominent ces écosystèmes [20]. Une des principales raisons de la présence répandue

---

[19] HOBBS Richard J., HIGGS Eric, HARRIS James A.. « Novel ecosystems: implications for conservation and restoration ». *Trends in Ecology and Evolution*, n° 24, 2009, pp. 599-605.
[20] DEARBORN Donald C., KARK Salit. « Motivations for conserving urban biodiversity ». *Conservation Biology*, n° 24, 2009, pp. 432-440.

des espèces exotiques dans les villes est leur résistance à s'y maintenir, comparativement aux espèces natives [21]. Par exemple, dans la ville de New York, 578 plantes natives ont disparu au profit de 411 non natives [22]. Dans ces conditions, il devient impossible de protéger ou rétablir des écosystèmes viables avec l'espèce native qui a été remplacée et qui n'est plus capable de se maintenir. Ces écosystèmes nouvellement formés sont des assemblages d'espèces qui n'ont jamais été observés auparavant et qui sont bien « émergeants » au sens de Hobbs *et al.* [23] et qu'il faudra accepter et analyser en tant de tel. Il reste que ces nouveaux écosystèmes sont aussi de réels laboratoires où l'évolution peut être observée et analysée en direct [24].

Le dilemme des « greening areas » ou des « urban greens »

Depuis quelques années, de nombreux travaux de recherche montrent le bénéfice des espaces verts (en anglais, dans la littérature « greening areas » ou « urban greens ») dans les villes [25]. Ils sont esthétiques et améliorent l'environnement physique, comme le climat local par exemple. Ces espaces sont récréatifs pour les

---

[21] Voir référence 16.
[22] ELMQVIST Thomas, FOLKE Carl, NYSTRÖM Magnus, PETERSON Garry, BENGTSSON Jan, WALKER Brian, NORBERG Jon. « Response diversity, ecosystem change, and resilience ». *Frontiers in Ecology and the* Environment, n°1, 2003 ,pp. 488–494.
[23] Voir référence 17.
[24] Voir référence 9.
[25] TZOULAS Konstantinos, KORPELA Kalevi, VENN Stephen, YLI-PELKONEN Vesa, KAZMIERCZAK Aleksandra, NIEMELÄ Jari, JAMES Philip. « Promoting ecosystem and human health in urban areas infrastructure: a literature review ». *Landscape and Urban Planning*, n° 81, 2007, pp. 167-178.

citadins, permettant à ces derniers de faire de l'exercice et de rester en contact avec la nature [26]. Ils aident aussi à la socialisation [27]. Cette artificialisation extrême a conduit progressivement à mélanger des pools d'espèces inédits et à créer de nouveaux assemblages d'espèces fortuits. Ces espaces verts étant gérés très localement, un regard plus poussé sur ces nouveaux assemblages n'a jamais été une préoccupation réelle. Les questions posées plus haut par Hobbs *et al.* [28] ont toute leur légitimité ici. Si les questions 3) et 4) sont probablement positives sur ces espaces verts, c'est-à-dire qu'ils produisent des services et des opportunités dans l'engagement humain pour leur gestion, il faut s'interroger singulièrement sur les deux premières questions. Certains diront que ces systèmes ne sont pas viables sur la durée, d'autres demanderont à vérifier. Effectivement, ces nouveaux assemblages biotiques vont affecter les interactions et processus entre espèces.

Éthique et devenirs ou comment raisonner autrement ?

Aujourd'hui, il n'existe que très peu d'informations sur l'importance des nouveaux écosystèmes dans l'évaluation de la biodiversité urbaine et sur l'importance des services qu'ils rendent déjà. Il devient fondamental de les intégrer à cette réflexion de la ville de demain car ils y participent déjà. Ils représentent peut-être une biodiversité potentielle très utile. Néanmoins, ces nouveaux écosystèmes, et particulièrement ceux urbains, sont très peu étudiés en tant que tels. De

---

[26] TAKANO Takehito, NAKAMURA Keiko, WATANABE Masafumi. « Urban residential environments and senior citizens' longevity in mega city areas: the importance of walkable green spaces ». *Journal of epidemiology and Community Health*, n° 56, 2002, pp. 913-918.
[27] SWANWICK Carys, DUNNETT Nigel, WOLLEY Helen. « Nature, role and value of green space in town and cities: an overview ». *Built Environment*, n° 29, 2003, pp. 94-106.
[28] Voir référence 19.

nombreuses questions surgissent : est-ce que ces nouveaux écosystèmes vont augmenter en nombre, éliminant complètement toutes les espèces natives ? Que signifient-ils par rapport aux écosystèmes construits autour d'espèces natives ? Comment fonctionnent-ils ? Présentent-ils de nouvelles fonctionnalités ou optimisent-ils ou non des fonctionnalités existantes ? Doit-on réfléchir à de nouveaux modes de gestion ? Comment s'approprier ces nouveaux assemblages ? Lesquels privilégier ? Comment les connecter ? Doit-on les connecter ? Quels sont les aspects socio-économiques qui doivent être considérés en relation avec eux ? Comment développer une gestion en lien avec eux, qui maximise les changements bénéfiques qu'ils procurent (en recherchant ce qu'est le bénéfice) et en réduisant les impacts négatifs ?

Cette réflexion complexe ne peut se faire sans des partenariats importants avec tous les acteurs de la ville, décideurs, urbanistes, paysagistes, écologues et habitants des villes, pour expliquer l'importance de recréer des espaces où une certaine nature plus diversifiée et plus opérationnelle pourrait à nouveau se réapproprier l'espace perdu. Cette dynamique est à construire à différentes échelles spatiales et temporelles. Ces nouveaux écosystèmes ont été construits par l'homme, il convient donc d'imaginer une gestion qui guide leur développement. Comment procéder ? La question n'est pas simple sachant qu'il sera très difficile de revenir à un état plus naturel, en termes d'effort, de temps et d'argent. Cela signifie de repenser intégralement la ville dans son ensemble, d'accepter ces assemblages pour ce qu'ils sont et pour les bénéfices qu'ils procurent et d'instaurer une réelle « gestion adaptative » partenariale qui suppose « d'apprendre en faisant ».

Par ailleurs, les villes et lieux de la connaissance, où les ressources financières et humaines sont concentrées, peuvent devenir des lieux d'éducation beaucoup plus percutants que les zones rurales en terme de biodiversité, permettant une réelle appropriation et prise de conscience des enjeux liés à la diversité du vivant et une appropriation potentielle d'une biodiversité revisitée, pas toujours esthétique. Elles peuvent aussi être des lieux d'expériences permettant de mieux comprendre l'importance des changements socio-économiques sur les écosystèmes. Les nouveaux écosystèmes produisent de nouveaux challenges, initiant une variété de nouveaux modes de pensée et de gestion qui deviennent un réel atout pour l'espace urbain. La ville doit s'en convaincre et s'approprier cette opportunité qui participe très concrètement à une réconciliation de l'homme avec la nature.

Conclusion

Les villes sont des centres de pouvoirs économiques, politiques, financiers et sociaux mais aussi de la culture et de l'innovation. L'espace urbain offre, avec ses « nouveaux écosystèmes » potentiellement moteurs de services écosystémiques attendus et riches d'une biodiversité nouvelle, un espace public pouvant susciter de nouveaux champs de discussions variés, promouvant ainsi des lieux inédits et originaux, offrant une nature différente et développant de nouveaux langages locaux avec des mots et outils de gestion propres à chacun de ces espaces. Le moment est venu pour les acteurs urbains de se focaliser sur ces nouveaux écosystèmes et de s'interroger sur leur pertinence en ville, comme plus-value fonctionnelle, écologique mais aussi socio-économique. Si ceux-ci sont plus performants et durables, de nouveaux modes de gestion doivent intégrer cette dimension essentielle et limiter le turn-over incessant des « jardins Kleenex » (plantes que l'on échange rapidement, à peine fanées) [29] ou celui de vouloir réintroduire volontairement des espèces natives qui ne sont plus adaptées. Cette réflexion devient profonde et interroge sur nos modes de pensée et nos savoirs. Des échanges sont fondamentaux entre tous les acteurs urbains pour aller vers une ville profondément changée dans sa relation à la nature. Et au fond, c'est cette ville repensée qui initiera ces changements et qui deviendra le guide de celles qui y sont aussi confrontées.

---

[29] BLANC Nathalie, BRIDIER Sébastien, GLATRON Sandrine, GRÉSILLON Lucile, COHEN Marianne. « Appréhender la ville comme (mi)lieu de vie. L'apport d'un dispositif interdisciplinaire de recherche ». In MATHIEU Nicole et GUERMOND Yves (Eds), *La Ville Durable, du Politique au Scientifique*, Paris, Cemagref/Cirad/Ifremer/Inra, 2005, pp. 261-281.

Annexe 7 : Encadré publié dans le Guide « Bâtir en favorisant la biodiversité, un guide collectif à l'usage des professionnels publics et privés de la filière du bâtiment » réalisé par Natureparif en 2012.

Construire des éco-quartiers pour la biodiversité

Par Alexandre HENRY, Doctorant AgroParisTech

(alexandre.henry@u-psud.fr)

Du fait de l'augmentation de la population mondiale et de la volonté des habitants à vivre en ville, l'étalement urbain est inévitable. D'ici à 2050, en Europe, il y aura jusqu'à 85% de citadins. L'urbanisation, par la destruction des sols et la fragmentation des habitats, provoque des déséquilibres dans les processus biologiques pouvant aller jusqu'à la destruction des écosystèmes et la disparition des espèces. La mise en œuvre d'un nouveau modèle de développement du territoire est indispensable : les éco-quartiers peuvent-ils être une réponse à ces problèmes ?

C'est au sein de la chaire « Eco-conception des ensembles bâtis et des infrastructures », créée en 2008 par VINCI et 3 écoles de ParisTech, que j'effectue ma thèse « Aménagement des Eco-quartiers et de la Biodiversité ». Cette chaire a été créée avec le but de produire des outils de mesure et de simulation qui intègrent toutes les dimensions de l'éco-conception pour devenir de vrais instruments d'aide à la décision pour les acteurs de la ville (concepteurs, constructeurs et utilisateurs).

Un éco-quartier est un projet urbain qui se veut exemplaire du point de vue du développement durable, en extension urbaine ou en transformation de quartiers existants obsolètes. La conception de tels quartiers attache une importance particulière à la mixité socio-économique, culturelle et générationnelle.

Actuellement, les architectes et urbanistes manquent d'outils pour traiter la question de la biodiversité en ville. Avec ma thèse je vais tenter de leur apporter des informations, de répondre à leurs interrogations et de leur fournir des éléments afin qu'ils puissent améliorer leurs pratiques pour faire de la ville un système écologique durable et fonctionnel.

La première question est de savoir quelle biodiversité est nécessaire ou désirée en ville et comment la mesurer. Il existe de nombreux indicateurs de biodiversité, pouvant donner toute sorte de résultats, parfois contradictoires selon le type de biodiversité étudiée.

Une grande partie de ma thèse est consacrée à étudier les aménagements mis en place en faveur de la biodiversité dans les éco-quartiers existants ou en projet. Cet état des lieux permettra de rendre compte de la manière dont est traitée la biodiversité en ville et de voir, selon le contexte, quels aménagements sont proposés.

J'ai pu lister un nombre important d'éco-quartiers, aussi bien en France qu'à l'étranger, à partir desquels j'analyse les aménagements, en terme de pertinence et de qualité. Dans la conception des éco-quartiers, l'accent est le plus souvent mis sur l'optimisation de l'utilisation de l'eau, de la production et du traitement des déchets et sur la sobriété énergétique. La question de la biodiversité est traitée au second plan, lorsqu'elle est traitée, à cause du manque d'informations et de méthodologies.

Face à une réglementation encore floue sur les éco-quartiers, c'est au bon vouloir des communes et des constructeurs qu'est remise la question de la biodiversité. Mais pour que les aménagements soient efficaces il faut que les éléments naturels alentours soient pris en compte pour intégrer l'éco-quartier dans son environnement. Une réflexion de la biodiversité à l'échelle du paysage est nécessaire.

Annexe 8 : Poster présenté au colloque « Ecologie 2010 » à Montpellier du 2 au 4 septembre 2010.

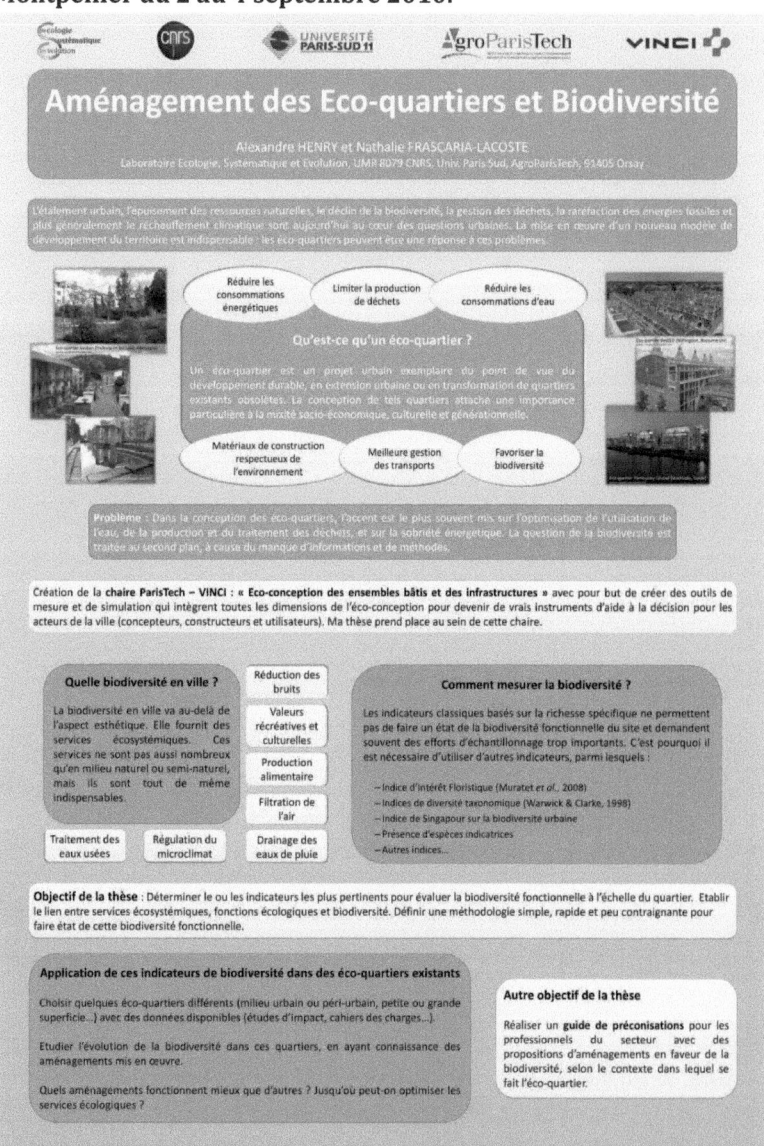

Annexe 9 : Poster présenté à l'« International Symposium on Life Cycle Assessment and Construction » à Nantes, du 10 au 12 juillet 2012

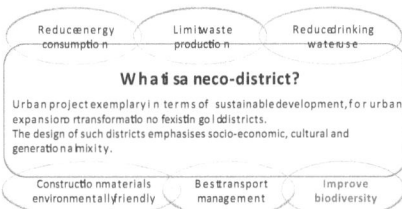

Aménagement des éco-quartiers et de la biodiversité

Face aux changements globaux, au déclin de la biodiversité et à l'augmentation de la population urbaine, la demande des professionnels de la construction pour intégrer la biodiversité dans leurs pratiques est de plus en plus forte. Ma thèse a eu pour objectif de (1) faire un état des lieux de la prise en compte de la biodiversité dans les aménagements urbains et (2) développer de nouveaux outils afin d'aider les aménageurs à améliorer leurs pratiques.

Dans une première partie consacrée au bilan biodiversité, (1) nous avons émis des doutes quant à la pertinence de l'utilisation des toitures végétalisées, telles qu'elles sont conçues actuellement, en tant qu'éléments intégrés à un réseau écologique ; (2) l'étude des mesures environnementales mises en place dans 54 éco-quartiers européens (principalement en France) a montré que les concepteurs se préoccupaient principalement des bénéfices environnementaux en termes d'énergie, de transport, de déchets et d'eau, et plus rarement de biodiversité ; (3) l'ACV (analyse du cycle de vie), un outil fréquemment utilisés par les aménageurs pour calculer les impacts environnementaux d'un produit (toit vert, bâtiment, quartier) intègre mal la biodiversité dans ses calculs, et son utilisation pour comparer différents éléments verts pourrait uniformiser les pratiques et ainsi conduire à une homogénéisation de la biodiversité et à l'altération du fonctionnement de l'écosystème.

Pour aider les aménageurs à mieux considérer la biodiversité dans leurs pratiques, nous avons participé à l'amélioration de l'outil Profil-Biodiversité créé par Frank Derrien et développé notre propre outil (BioDi(v)Strict) basé sur la diversité des habitats et la présence de quatre groupes d'espèces bio-indicatrices afin de traduire au mieux la dynamique écologique d'un site. Ces deux outils ont été appliqués sur un site pilote : la Cité Descartes (à Noisy-le-Grand et Champs-sur-Marne). Dans le but de faire émerger une prise de conscience des différents acteurs locaux sur la nécessité de préserver la biodiversité et les services écosystémiques associés, nous avons développé un outil de concertation pour l'aménagement du territoire (NewDistrict), basé sur une modélisation d'un système multi-agents (SMA) et d'un jeu de rôles autour de l'étalement urbain et ses conséquences environnementales.

Mots-clés : éco-quartier, biodiversité urbaine, services écosystémiques, système multi-agents, concertation, aide à la décision, BioDi(v)Strict, NewDistrict.

Eco-districts and biodiversity development

In a context of global changes, decline of biodiversity and increase of the urban population, the request of urban developers to integrate biodiversity into their practices is increasingly strong. My PhD thesis aimed to (1) make a review of the consideration of biodiversity in urban development, and (2) develop new tools to help developers to improve their practices.

In the first part focused on biodiversity review, (1) we have expressed some doubts about the relevance of the use of current green roofs as possible integrated element of an ecological network; (2) The study of environmental measures implemented in 54 European eco-districts (mainly in France) showed that designers appeared to focus primarily on environmental benefits in terms of energy, transport, waste, water, and more rarely on biodiversity conservation; (3) LCA (life cycle analysis), a tool commonly used by developers to calculate the environmental impacts of a product (a green roof, a building or a district) integrates badly biodiversity in its calculations, and its use to compare different green elements could standardize practices which lead to an homogenization of biodiversity associated with the deterioration of ecosystem functioning.

To help developers to better consider biodiversity in their practices, we have firstly contributed to the improvement of the tool « Profil-Biodiversité » created by Frank Derrien, and secondly, we have developed our own tool (BioDi(v)Strict) based on the diversity of habitats and the presence of four groups of bioindicator species to better reflect the ecological dynamic of a site. Both tools have been applied on a pilot site: the Cité Descartes (in Noisy-le-Grand and Champs-sur-Marne). Finally, in order to let emerging a collective biodiversity awareness for the different local actors, we have developed a tool (NewDistrict) based on a multi-agent system (MAS) model combined with a role-playing game constructed in a context of urban sprawl.

Keywords: eco-district, urban biodiversity, ecosystem services, multi-agent system, cooperative process, decision support, BioDi(v)Strict, NewDistrict.

Oui, je veux morebooks!

i want morebooks!

Buy your books fast and straightforward online - at one of world's fastest growing online book stores! Environmentally sound due to Print-on-Demand technologies.

Buy your books online at
www.get-morebooks.com

Achetez vos livres en ligne, vite et bien, sur l'une des librairies en ligne les plus performantes au monde!
En protégeant nos ressources et notre environnement grâce à l'impression à la demande.

La librairie en ligne pour acheter plus vite
www.morebooks.fr

VDM Verlagsservicegesellschaft mbH
Heinrich-Böcking-Str. 6-8   Telefon: +49 681 3720 174   info@vdm-vsg.de
D - 66121 Saarbrücken   Telefax: +49 681 3720 1749   www.vdm-vsg.de

Printed by Books on Demand GmbH, Norderstedt / Germany